SIMPLE EXERCISE
I・A 336

MATHEMATICS

INTRODUCTION

　高校生，大学受験生のみなさん，こんにちは．

　本書は，高等学校の「数学Ⅰ」，「数学A」について，定期試験およびセンター試験対策用，そして国公立大2次・私立大入試の基礎固めとして編集されました．

　そしてこのたび，平成24年の新課程用に再改訂されました．

　数学は，得点しにくい教科であると思われるかもしれませんが，本当は簡単にしかも確実に得点できる教科なのです．でも，今までに数学の試験で悪い点を取って，やる気が失せたり，自己嫌悪に陥ったりした経験はありませんか．原因はいろいろ考えられますが，最も大きな原因は

準備不足，練習不足

なのです．

　高等学校の数学は，決してやさしくありません．しかも，教科書の内容だけでも膨大なものがあります．

　しかし，

　　試験に出される内容は，決まっている

のです．

この本は,
　　　　試験に最も出やすい内容を精選
して配列してあります.
　オードブルもデザートも省いて　**メインディシュ**
だけをいきなり味わってください. それが, 定期試験そして入学試験を無理なく克服する　**最短コース**
だからです.
　入学試験の準備は, 先手必勝です.
　この本を手に取ったみなさんは, たった今さっそくスタートを切ってください.
　丸暗記　するくらい, この本をくり返し読んでください.
　それでは, 高校数学の最速コースにご案内しましょう.

●著者紹介

木部　陽一（きべ　よういち）

群馬県前橋市生まれ. 県立前橋高等学校, 東京大学理学部数学科を卒業. 現在, 開成高等学校教諭. 高校数学の教科書の執筆者でもあり, 多方面で活躍されています.

CONTENTS

INTRODUCTION ... 2
How to use this book ... 6

CORE EXERCISE

第1章 数と式
1. 数式の整理 ... 8
2. 展開 ... 10
3. 因数分解 ... 12
4. 因数分解のくふう ... 14
5. 有理数・無理数 ... 16
6. 絶対値 ... 18
7. 1次不等式の解法 ... 20
8. 連立1次不等式の解法 ... 22
9. 1次不等式の応用 ... 24

第2章 集合と論証
10. 集合 ... 26
11. 命題と条件 ... 28
12. 背理法,反例 ... 30

第3章 2次関数
13. 関数 ... 32
14. 2次関数とそのグラフ ... 34
15. 2次関数の決定 ... 36
16. 2次関数の最大・最小 ... 38
17. 2次方程式の解法 ... 40
18. 2次方程式の実数解の個数 ... 42
19. 2次関数のグラフとx軸との共有点 ... 44
20. 2次方程式の解の問題 ... 46
21. 2次方程式の応用 ... 48
22. 2次関数のいろいろな問題 ... 50
23. 2次不等式の解法 ... 52
24. 2次不等式の解 ... 54
25. 2次方程式の解の符号 ... 56

第4章 図形と計量
26. 三角比の基本 ... 58
27. 三角比の相互関係 ... 60
28. 三角比のいろいろな問題 ... 62
29. 正弦定理・余弦定理 ... 64
30. 三角形の形状 ... 66
31. 三角形の面積 ... 68
32. 空間図形の計量 ... 70

もくじ | 5

第5章	データの分析	33 データの整理と代表値	72
		34 箱ひげ図と四分位偏差	74
		35 分散と標準偏差	76
		36 散布図と相関係数	78
第6章	整数の性質	37 約数，倍数，素因数分解	80
		38 最大公約数，最小公倍数	82
		39 除法と余り	84
		40 ユークリッドの互除法と不定方程式	86
		41 記数法	88
		42 合同式	90
第7章	順列と組合せ	43 和の法則・積の法則	92
		44 順列	94
		45 いろいろな順列	96
		46 組合せ	98
		47 いろいろな組合せ	100
		48 分け方の問題	102
第8章	確　率	49 確率(I)	104
		50 確率(II)	106
		51 加法定理	108
		52 独立試行の確率	110
		53 反復試行の確率	112
		54 期待値，条件付き確率	114
第9章	図形の性質	55 三角形と比	116
		56 チェバの定理とメネラウスの定理	118
		57 三角形の五心	120
		58 円周角の定理，内接四角形，接弦定理	122
		59 円の接線の長さ，方べきの定理	124
		60 2円の関係	126
		61 作図	128
		62 空間図形	130

STANDARD EXERCISE

❶ 数と式	134	❼ データの分析	186
❷ 1次不等式	144	❽ 整　数	190
❸ 集合と論理	148	❾ 順列と組合せ	200
❹ 2次関数	152	❿ 確　率	206
❺ 2次方程式・2次不等式	164	⓫ 図形の性質	216
❻ 図形と計量	176		

How to use this book

本書は CORE EXERCISE と STANDARD EXERCISE の2部構成になっています.

■CORE EXERCISE

高校数学の「核」となる基本問題の全パターン.
教科書の例題,練習問題のレベルです.
定期試験で頻繁に出題されます.
問題と解法を確実に覚え,理解してください.

■STANDARD EXERCISE

入試によく出る標準問題.
融合問題など難易度の高い問題を攻略するための基本技法を習得できます.

使用法① 英単語のように暗記する必要はありません.左ページの問題を読んですぐに右ページの解答の骨格が頭に浮かぶようにしてください.つまり,

「問題を見る」→「解答の手順が頭に浮かぶ」

ということが即座にできるようになるまで使い込んでください.

使用法② 時間のない人は,問題と解答を丸暗記してしまいましょう.ただし,公式や解答がきちんと納得できない場合は,教科書などで必ず確認してください.

使用法③ 数学に自信のある人は,確認テストとして使ってください.短時間で全パターンの総復習ができます.

(注) 期待値(数学B)は受験のことを考慮して,本書で扱うことにしました.

CORE EXERCISE I·A 248

MATHEMATICS

1 整式の整理

1 単項式 $-5a^2b^3c$ について,次の表の空欄を埋めなさい.

着目する文字	次数	係数
すべての文字		-5
b のみ	3	
a と b		

▶次数:かけ合わされている文字の個数.

---

2 整式 $3x^2-4xy^3+5y-2$ について,次の表の空欄を埋めなさい.

着目する文字	次数	定数項
すべての文字		
x のみ		
y のみ		

方針 着目する文字以外の文字は,定数とみなす.

▶定数項:着目する文字を含まない項.

---

3 $A=4x^2-5$, $B=-x^2+2x+3$ のとき,次の式を計算しなさい.
(1) $A+B$
(2) $2A-3B$
(3) $5(2A-3B)-3(4A-5B)$

方針 (3)は,カッコをはずして整理してから代入する.

---

4 次の計算をしなさい.
(1) $(-4a^2b)\times 5a^3b^2$
(2) $3ab^2\times(-2a^2b)^3$

(指数法則)
$a^m a^n = a^{m+n}$, $(a^m)^n = a^{mn}$, $(ab)^m = a^m b^m$

1 整式の整理 | 9

ANSWER

1

着目する文字	次数	係数	参考
すべての文字	**6**	-5	$-5a^2b^3c$
b のみ	3	$\boldsymbol{-5a^2c}$	$-5a^2c \cdot b^3$
a と b	**5**	$\boldsymbol{-5c}$	$-5c \cdot a^2b^3$

2

着目する文字	次数	定数項	参考
すべての文字	**4**	-2	$-4xy^3+3x^2+5y-2$
x のみ	2	$\boldsymbol{5y-2}$	$3x^2-4y^3 \cdot x+(5y-2)$
y のみ	3	$\boldsymbol{3x^2-2}$	$-4xy^3+5y+(3x^2-2)$

3

(1) $A+B=(4x^2-5)+(-x^2+2x+3)$
$=(4x^2-x^2)+2x+(-5+3)$
$=\boldsymbol{3x^2+2x-2}$

(2) $2A-3B=2(4x^2-5)-3(-x^2+2x+3)$
$=(8x^2+3x^2)-6x+(-10-9)$
$=\boldsymbol{11x^2-6x-19}$

(3) $5(2A-3B)-3(4A-5B)$
$=10A-15B-12A+15B$
$=-2A$
$=-2(4x^2-5)$
$=\boldsymbol{-8x^2+10}$

4

(1) $(-4a^2b) \times 5a^3b^2$
$=\{(-4) \times 5\} \times a^2 \cdot a^3 \times b \cdot b^2$
$=\boldsymbol{-20a^5b^3}$

(2) $3ab^2 \times (-2a^2b)^3$
$=3ab^2 \times \{(-2)^3 \cdot (a^2)^3 \cdot b^3\}$
$=3ab^2 \times (-8 \cdot a^6 \cdot b^3)$
$=\boldsymbol{-24a^7b^5}$

1 数と式

2 展開

5 次の式を展開しなさい.
(1) $(a+3b)^2$
(2) $(5a-2b)^2$
(3) $(3a+4b)(3a-4b)$
(4) $(x+5)(x+7)$
(5) $(y-6)(y-5)$

---

6 次の式を展開しなさい.
(1) $(x+3)(2x+1)$
(2) $(2x-3)(3x-1)$
(3) $(2x+5)(3x-4)$
(4) $(5x-3y)(6x+7y)$

方針 公式を利用して展開する.
▶ $(ax+b)(cx+d)=acx^2+(ad+bc)x+bd$

---

7 次の式を展開しなさい.
(1) $(a+2b-3c)^2$
(2) $(2x-3y+4z)(2x+3y-4z)$

方針 置き換えの利用.
▶ $2x-3y+4z=2x-(3y-4z)$

---

8 次の式を展開しなさい.
(1) $(a+1)(a+2)(a-1)(a-2)$
(2) $(3x+2y)^2(3x-2y)^2$

方針 積の順序をくふうする.
▶ $A^2B^2=(AB)^2$

ANSWER

5
(1) $(a+3b)^2 = a^2+2\cdot a\cdot 3b+(3b)^2$
$= \boldsymbol{a^2+6ab+9b^2}$
(2) $(5a-2b)^2 = (5a)^2-2\cdot 5a\cdot 2b+(2b)^2$
$ = \boldsymbol{25a^2-20ab+4b^2}$
(3) $(3a+4b)(3a-4b) = (3a)^2-(4b)^2$
$= \boldsymbol{9a^2-16b^2}$
(4) $(x+5)(x+7) = x^2+(5+7)x+5\times 7$
$= \boldsymbol{x^2+12x+35}$
(5) $(y-6)(y-5) = y^2-(6+5)y+6\times 5$
$= \boldsymbol{y^2-11y+30}$

6
(1) $(x+3)(2x+1) = 1\cdot 2\cdot x^2+(1\cdot 1+3\cdot 2)x+3\cdot 1$
$= \boldsymbol{2x^2+7x+3}$
(2) $(2x-3)(3x-1) = 2\cdot 3\cdot x^2-(2\cdot 1+3\cdot 3)x+3\cdot 1$
$= \boldsymbol{6x^2-11x+3}$
(3) $(2x+5)(3x-4) = 2\cdot 3\cdot x^2+\{2\cdot(-4)+5\cdot 3\}x+5\cdot(-4)$
$= \boldsymbol{6x^2+7x-20}$
(4) $(5x-3y)(6x+7y) = 5\cdot 6\cdot x^2+\{5\cdot 7+(-3)\cdot 6\}xy+(-3)\cdot 7\cdot y^2$
$= \boldsymbol{30x^2+17xy-21y^2}$

7
(1) 与式 $=\{(a+2b)-3c\}^2$
$=(a+2b)^2-2(a+2b)\cdot 3c+(3c)^2$
$=a^2+4ab+4b^2-6ac-12bc+9c^2$
$=\boldsymbol{a^2+4b^2+9c^2+4ab-12bc-6ca}$
(2) 与式 $=\{2x-(3y-4z)\}\{2x+(3y-4z)\}$
$=(2x)^2-(3y-4z)^2 = 4x^2-(9y^2-24yz+16z^2)$
$=\boldsymbol{4x^2-9y^2-16z^2+24yz}$

8
(1) 与式 $=\{(a+1)(a-1)\}\{(a+2)(a-2)\}$
$=(a^2-1)(a^2-4) = \boldsymbol{a^4-5a^2+4}$
(2) 与式 $=\{(3x+2y)(3x-2y)\}^2$
$=(9x^2-4y^2)^2$
$=\boldsymbol{81x^4-72x^2y^2+16y^4}$

3 因数分解

9 次の式を因数分解しなさい．
(1) $6a^2b+3ab^2-12abc$
(2) $4a^2+12a+9$
(3) $81a^2-144ab+64b^2$
(4) $49a^2-100b^2$

10 次の式を因数分解しなさい．
(1) $x^2+10x+21$
(2) $x^2-12x+32$
(3) $y^2+3y-40$
(4) $y^2-9y-36$

11 次の式を因数分解しなさい．
(1) $4x^2+5x+1$
(2) $3x^2-13x+12$
(3) $6x^2+5x-6$
(4) $6x^2-7xy-24y^2$

方針 たすきがけを行う．

▶ $acx^2+(ad+bc)x+bd$
$=(ax+b)(cx+d)$

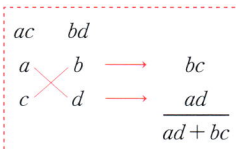

12 次の式を因数分解しなさい．
(1) $3x^3y-12x^2y^2+12xy^3$
(2) a^4-16b^4
(3) $(a^2-4)x^2+4-a^2$

方針 まず，共通因数をくくり出す．

▶ $4-a^2=-(a^2-4)$

3 因数分解

ANSWER

9
(1) $6a^2b+3ab^2-12abc=\textbf{\textcolor{red}{3ab(2a+b-4c)}}$
(2) $4a^2+12a+9=(2a)^2+2\cdot 2a\cdot 3+3^2$
$=\textbf{\textcolor{red}{(2a+3)}}^{\textbf{\textcolor{red}{2}}}$
(3) $81a^2-144ab+64b^2=(9a)^2-2\cdot 9a\cdot 8b+(8b)^2$
$=\textbf{\textcolor{red}{(9a-8b)}}^{\textbf{\textcolor{red}{2}}}$
(4) $49a^2-100b^2=(7a)^2-(10b)^2$
$=\textbf{\textcolor{red}{(7a+10b)(7a-10b)}}$

10
(1) $x^2+10x+21=x^2+(3+7)x+3\cdot 7=\textbf{\textcolor{red}{(x+3)(x+7)}}$
(2) $x^2-12x+32=x^2-(4+8)x+4\cdot 8=\textbf{\textcolor{red}{(x-4)(x-8)}}$
(3) $y^2+3y-40=y^2+(-5+8)y+(-5)\cdot 8=\textbf{\textcolor{red}{(y-5)(y+8)}}$
(4) $y^2-9y-36=y^2+(3-12)y+3\cdot(-12)=\textbf{\textcolor{red}{(y+3)(y-12)}}$

11
(1) $4x^2+5x+1$
$=\textbf{\textcolor{red}{(x+1)(4x+1)}}$

$(1)\ \begin{bmatrix}1 & \diagdown & 1 & \longrightarrow & 4 \\ 4 & \diagup & 1 & \longrightarrow & \underline{1} \\ & & & & 5\end{bmatrix}$

(2) $3x^2-13x+12$
$=\textbf{\textcolor{red}{(x-3)(3x-4)}}$

$(2)\ \begin{bmatrix}1 & \diagdown & -3 & \longrightarrow & -9 \\ 3 & \diagup & -4 & \longrightarrow & \underline{-4} \\ & & & & -13\end{bmatrix}$

(3) $6x^2+5x-6$
$=\textbf{\textcolor{red}{(2x+3)(3x-2)}}$

$(3)\ \begin{bmatrix}2 & \diagdown & 3 & \longrightarrow & 9 \\ 3 & \diagup & -2 & \longrightarrow & \underline{-4} \\ & & & & 5\end{bmatrix}$

(4) $6x^2-7xy-24y^2$
$=\textbf{\textcolor{red}{(2x+3y)(3x-8y)}}$

$(4)\ \begin{bmatrix}2 & \diagdown & 3 & \longrightarrow & 9 \\ 3 & \diagup & -8 & \longrightarrow & \underline{-16} \\ & & & & -7\end{bmatrix}$

12
(1) 与式 $=3xy(x^2-4xy+4y^2)=\textbf{\textcolor{red}{3xy(x-2y)}}^{\textbf{\textcolor{red}{2}}}$
(2) $a^4-16b^4=(a^2)^2-(4b^2)^2$
$=(a^2+4b^2)(a^2-4b^2)$
$=\textbf{\textcolor{red}{(a^2+4b^2)(a+2b)(a-2b)}}$
(3) 与式 $=(a^2-4)x^2-(a^2-4)$
$=(a^2-4)(x^2-1)$
$=\textbf{\textcolor{red}{(a+2)(a-2)(x+1)(x-1)}}$

4 因数分解のくふう

13 次の式を因数分解しなさい．
(1) $(a^2+b^2)^2-4a^2b^2$
(2) x^4-7x^2+1

方針 $A^2-B^2=(A+B)(A-B)$ の利用．

---

14 次の式を因数分解しなさい．
$a^2-bc+ab-c^2$

方針 次数の最も低い文字について整理する．

---

15 次の式を因数分解しなさい．
(1) $x^2+xy-2y^2-3y-1$
(2) $2x^2+xy-3y^2-3x-7y-2$

方針 x について整理して，たすきがけ．

---

16 次の式を因数分解しなさい．
(1) $a^2(b-c)+b^2(c-a)+c^2(a-b)$
(2) $(a+b)(b+c)(c+a)+abc$

方針 (1) 1つの文字について整理する．

4 因数分解のくふう | 15

ANSWER

13
(1) $(a^2+b^2)^2-4a^2b^2=(a^2+b^2)^2-(2ab)^2$
$=(a^2+2ab+b^2)(a^2-2ab+b^2)$
$=\boldsymbol{(a+b)^2(a-b)^2}$

(2) $x^4-7x^2+1=(x^4+2x^2+1)-9x^2$
$=(x^2+1)^2-(3x)^2$
$=\boldsymbol{(x^2+3x+1)(x^2-3x+1)}$

14
$a^2-bc+ab-c^2=(a-c)b+(a^2-c^2)$
$=(a-c)b+(a+c)(a-c)$
$=\boldsymbol{(a-c)(a+b+c)}$

15
(1) $x^2+xy-2y^2-3y-1$
$=x^2+xy-(2y^2+3y+1)$
$=x^2+xy-(y+1)(2y+1)$
$=\{x+(2y+1)\}\{x-(y+1)\}$
$=\boldsymbol{(x+2y+1)(x-y-1)}$

$\begin{bmatrix}2y+1\\-(y+1)\\\hline y\end{bmatrix}$

(2) $2x^2+xy-3y^2-3x-7y-2$
$=2x^2+(y-3)x-(3y^2+7y+2)$
$=2x^2+(y-3)x-(y+2)(3y+1)$
$=\{x-(y+2)\}\{2x+(3y+1)\}$
$=\boldsymbol{(x-y-2)(2x+3y+1)}$

$\begin{bmatrix}1 \searrow -(y+2) \longrightarrow -2y-4\\2 \nearrow 3y+1 \longrightarrow \underline{3y+1}\\\qquad\qquad\qquad y-3\end{bmatrix}$

16
(1) 与式 $=(b-c)a^2+b^2c-ab^2+c^2a-bc^2$
$=(b-c)a^2-(b^2-c^2)a+(b^2c-bc^2)$
$=(b-c)a^2-(b+c)(b-c)a+bc(b-c)$
$=(b-c)\{a^2-(b+c)a+bc\}$
$=(b-c)(a-b)(a-c)=\boldsymbol{-(a-b)(b-c)(c-a)}$

(2) 与式 $=(a+b)\{c^2+(a+b)c+ab\}+abc$
$=(a+b)c^2+\{(a+b)^2+ab\}c+ab(a+b)$
$=\{c+(a+b)\}\{(a+b)c+ab\}$
$=\boldsymbol{(a+b+c)(ab+bc+ca)}$

5 有理数・無理数

17 循環小数 $0.4\dot{1}\dot{5}$ を分数で表しなさい．

方針 循環小数 x の循環節（繰り返される数字の列）が n 桁のとき，$10^n x - x$ を計算する．

---

18 次の計算をしなさい．
(1) $3\sqrt{75} - 2\sqrt{27} + \sqrt{48}$
(2) $\sqrt{\dfrac{12}{5}} \times \dfrac{3\sqrt{5}}{\sqrt{8}} \div \sqrt{\dfrac{9}{10}}$
(3) $(\sqrt{7}+\sqrt{3})^2 - (\sqrt{7}-\sqrt{3})^2$
(4) $\dfrac{1}{2+\sqrt{5}} + \dfrac{2}{\sqrt{5}+\sqrt{7}}$

公式 $a>0, \; b>0$ のとき，
$$\sqrt{a}\sqrt{b}=\sqrt{ab}, \quad \dfrac{\sqrt{a}}{\sqrt{b}}=\sqrt{\dfrac{a}{b}}, \quad \sqrt{a^2 b}=a\sqrt{b}$$

---

19 二重根号を簡単にしなさい．
(1) $\sqrt{7+4\sqrt{3}}$
(2) $\sqrt{2-\sqrt{3}}$

方針 $\sqrt{p \pm 2\sqrt{q}}$ を簡単にするには，和が p，積が q となる 2 数をみつければよい．

▶ $\sqrt{a^2} = |a|$

---

20 $x = \dfrac{2-\sqrt{3}}{2+\sqrt{3}}$，$y = \dfrac{2+\sqrt{3}}{2-\sqrt{3}}$ のとき，次の式の値を求めなさい．
(1) $x+y$ (2) xy (3) x^2+y^2 (4) $(x-y)^2$

方針 (1), (2) を利用して (3), (4) の値を求める．

▶ $x^2+y^2 = (x+y)^2 - 2xy$
 $(x-y)^2 = (x+y)^2 - 4xy$

5 有理数・無理数

17
$x = 0.4\dot{1}\dot{5} = 0.4151515\cdots\cdots$ とおくと
$$100x = 41.5151515\cdots\cdots$$
$$\underline{-)x = 0.4151515\cdots\cdots}$$
$$99x = 41.1$$

ゆえに，$x = \dfrac{41.1}{99} = \dfrac{411}{990} = \boldsymbol{\dfrac{137}{330}}$

18
(1) 与式 $= 15\sqrt{3} - 6\sqrt{3} + 4\sqrt{3} = \boldsymbol{13\sqrt{3}}$

(2) 与式 $= \dfrac{2\sqrt{3}}{\sqrt{5}} \times \dfrac{3\sqrt{5}}{2\sqrt{2}} \times \dfrac{\sqrt{10}}{3} = \boldsymbol{\sqrt{15}}$

(3) 与式 $= (7 + 2\sqrt{21} + 3) - (7 - 2\sqrt{21} + 3) = \boldsymbol{4\sqrt{21}}$

(4) $\dfrac{1}{2+\sqrt{5}} + \dfrac{2}{\sqrt{5}+\sqrt{7}}$
$= \dfrac{2-\sqrt{5}}{(2+\sqrt{5})(2-\sqrt{5})} + \dfrac{2(\sqrt{5}-\sqrt{7})}{(\sqrt{5}+\sqrt{7})(\sqrt{5}-\sqrt{7})}$
$= \dfrac{2-\sqrt{5}}{-1} + \dfrac{2(\sqrt{5}-\sqrt{7})}{-2} = -2 + \sqrt{5} - \sqrt{5} + \sqrt{7}$
$= \boldsymbol{-2 + \sqrt{7}}$

19
(1) $\sqrt{7 + 4\sqrt{3}} = \sqrt{7 + 2\sqrt{12}} = \sqrt{(4+3) + 2\sqrt{4 \times 3}}$
$= \sqrt{(\sqrt{4} + \sqrt{3})^2} = \sqrt{4} + \sqrt{3} = \boldsymbol{2 + \sqrt{3}}$

(2) $\sqrt{2 - \sqrt{3}} = \sqrt{\dfrac{4 - 2\sqrt{3}}{2}} = \dfrac{\sqrt{(3+1) - 2\sqrt{3 \times 1}}}{\sqrt{2}}$
$= \dfrac{\sqrt{(\sqrt{3} - \sqrt{1})^2}}{\sqrt{2}} = \dfrac{\sqrt{3} - \sqrt{1}}{\sqrt{2}} = \boldsymbol{\dfrac{\sqrt{6} - \sqrt{2}}{2}}$

20
(1) $x + y = \dfrac{(2-\sqrt{3})^2 + (2+\sqrt{3})^2}{(2+\sqrt{3})(2-\sqrt{3})} = \dfrac{14}{1} = \boldsymbol{14}$

(2) $xy = \boldsymbol{1}$

(3) $x^2 + y^2 = (x+y)^2 - 2xy = 14^2 - 2 \cdot 1 = \boldsymbol{194}$

(4) $(x-y)^2 = (x+y)^2 - 4xy$
$ = 14^2 - 4 \cdot 1$
$ = \boldsymbol{192}$

6 絶対値

21 次の式の絶対値記号をはずしなさい．
(1) $|2\sqrt{2}-3|$
(2) $|28-9\pi|$

---

22 実数 a, b が $a^2+b^2=7$, $ab=3$ を満たすとき，次の式の値を求めなさい．
(1) $(|a|+|b|)^2$
(2) $|a|+|b|$

> **絶対値の性質**
> $$|ab|=|a||b|,\quad \left|\frac{a}{b}\right|=\frac{|a|}{|b|}$$

---

23 次の方程式を解きなさい．
(1) $|x|=7$
(2) $|3x|=12$
(3) $|x-4|=2$

方針 $|x|=k \iff x=\pm k$

▶ $a\geqq 0$ のとき，$|a|=a$
$a<0$ のとき，$|a|=-a$

---

24 空欄を埋めなさい．
$y=|x-1|+|2x-4|$ とおくと，
$x<1$ のとき，$y=\boxed{}$
$1\leqq x<2$ のとき，$y=\boxed{}$
$2\leqq x$ のとき，$y=\boxed{}$
となる．したがって，$x=\boxed{}$ のとき y は最小で，最小値は $\boxed{}$ である．

方針 それぞれの区間において，絶対値記号をはずして整理する．

6 絶対値

ANSWER

21
(1) $2\sqrt{2}=\sqrt{8}$, $3=\sqrt{9}$ より
$$|2\sqrt{2}-3|=\mathbf{3-2\sqrt{2}}$$
(2) $\pi>3.14$ より $9\pi>28.26$
ゆえに
$$|28-9\pi|=\mathbf{9\pi-28}$$

22
(1) $(|a|+|b|)^2=|a|^2+2|a|\cdot|b|+|b|^2$
$=(a^2+b^2)+2\cdot|ab|$
$=7+2\cdot 3$
$=\mathbf{13}$
(2) $|a|+|b|\geqq 0$ であるから
$$|a|+|b|=\mathbf{\sqrt{13}}$$

23
(1) $|x|=7$ より $x=\mathbf{\pm 7}$
(2) $|3x|=12$ より $3x=\pm 12$
ゆえに, $x=\mathbf{\pm 4}$
(3) $|x-4|=2$ より $x-4=\pm 2$
よって, $x=4\pm 2$
$=\mathbf{6,\ 2}$

24
$x<1$ のとき, $y=-x+1-2x+4=\mathbf{-3x+5}$
$1\leqq x<2$ のとき, $y=x-1-2x+4=\mathbf{-x+3}$
$2\leqq x$ のとき, $y=x-1+2x-4=\mathbf{3x-5}$

$x<1$ および $1\leqq x<2$ のとき, y は減少し, $2\leqq x$ のとき, y は増加するので,
$x=\mathbf{2}$ のとき y は最小で, 最小値は
$$3\times 2-5=\mathbf{1}$$
である.

7 1次不等式の解法

25 $a<b$ のとき，次の式の □ に $<$ または $>$ を入れなさい．

(1) $a+7 \;\square\; b+7$ (2) $a-8 \;\square\; b-8$

(3) $5a \;\square\; 5b$ (4) $\dfrac{a}{9} \;\square\; \dfrac{b}{9}$

(5) $-6a \;\square\; -6b$ (6) $\dfrac{a}{-4} \;\square\; \dfrac{b}{-4}$

▶ $a<b$, $c<0$ ならば，$ac>bc$, $\dfrac{a}{c}>\dfrac{b}{c}$

---

26 次の不等式を解きなさい．

(1) $8x+3<5x+9$ (2) $2x-7\geqq 6x+5$

方針 $ax<b$, $ax>b$ などの形に整理し，両辺を a で割る．

▶ $a>0$ ならば，$ax<b$ より $x<\dfrac{b}{a}$

$a<0$ ならば，$ax<b$ より $x>\dfrac{b}{a}$

---

27 次の不等式を解きなさい．
$$3x-2>x-2(7-2x)$$

方針 カッコをはずして整理する．

---

28 次の不等式を解きなさい．
$$\dfrac{2x+5}{3}-x\leqq 3-\dfrac{5x-2}{4}$$

方針 係数が整数になるように，両辺に適当な数をかける．

7 1次不等式の解法

ANSWER

25
(1) $a+7 < b+7$
(2) $a-8 < b-8$
(3) $5a < 5b$
(4) $\dfrac{a}{9} < \dfrac{b}{9}$
(5) $-6a > -6b$
(6) $\dfrac{a}{-4} > \dfrac{b}{-4}$

26
(1) $8x+3 < 5x+9$
$8x-5x < 9-3$
$3x < 6$
ゆえに，$x < 2$

(2) $2x-7 \geqq 6x+5$
$2x-6x \geqq 5+7$
$-4x \geqq 12$
ゆえに，$x \leqq -3$

27
$3x-2 > x-2(7-2x)$
$3x-2 > x-14+4x$
$3x-2 > 5x-14$
$3x-5x > -14+2$
$-2x > -12$
ゆえに，$x < 6$

28
$\dfrac{2x+5}{3} - x \leqq 3 - \dfrac{5x-2}{4}$

両辺に 12 をかけて
$4(2x+5) - 12x \leqq 36 - 3(5x-2)$
$8x+20-12x \leqq 36-15x+6$
$-4x+20 \leqq -15x+42$
$-4x+15x \leqq 42-20$
$11x \leqq 22$
ゆえに，$x \leqq 2$

8 連立1次不等式の解法

29 次の連立不等式を解きなさい.
$$\begin{cases} 4x+9 > 7x-6 & \cdots\cdots① \\ 8x+4 \geqq 3(5x-2)-12x & \cdots\cdots② \end{cases}$$

方針 それぞれの不等式を解き,それらの解の共通部分を求める.

---

30 次の不等式を解きなさい.
$$3(x+7)-9 \geqq -x > 4(2x-1)-5x$$

方針 2つの不等式に分けて,連立不等式として扱う.

▶ $A < B < C \iff \begin{cases} A < B \\ B < C \end{cases}$

---

31 次の連立不等式を解きなさい.
(1) $\begin{cases} x+3 \leqq 5 & \cdots\cdots① \\ 3x-5 \geqq -x+3 & \cdots\cdots② \end{cases}$
(2) $\begin{cases} x+5 < 8 & \cdots\cdots① \\ 7x-6 > 4x+9 & \cdots\cdots② \end{cases}$

方針 連立不等式の解がただ1つの実数になったり,解なしになったりすることもある.

---

32 次の不等式を解きなさい.
(1) $|x-5| < 2$ (2) $|x+2| \geqq 3$

方針 $|x| < k \iff -k < x < k$
$|x| > k \iff x < -k$ または $k < x$

▶ 数直線を利用してもよい.
数直線上で,2点 $A(a)$, $B(b)$ の距離は $|a-b|$

8 連立1次不等式の解法

ANSWER

29
①より　　$-3x > -15$
よって，　　$x < 5$　　……③
②より　　$8x + 4 \geqq 15x - 6 - 12x$
　　　　　$5x \geqq -10$
よって，　　$x \geqq -2$　　……④
③，④より
$$-2 \leqq x < 5$$

30
左側の不等号より
　　$3x + 12 \geqq -x$
　　$4x \geqq -12$
よって，　　$x \geqq -3$　……①

右側の不等号より
　　$-x > 3x - 4$
　　$-4x > -4$
よって，　　$x < 1$　……②

①，②より　　$-3 \leqq x < 1$

31
(1) ①より　$x \leqq 2$　　……③
　　②より　$4x \geqq 8$
　　　　　　$x \geqq 2$　……④
　　③，④より
　　　$x = 2$

(2) ①より　$x < 3$　　……③
　　②より　$3x > 15$
　　　　　　$x > 5$　……④
　　③，④より
　　　解なし

32
(1) $|x - 5| < 2$ より
　　　$-2 < x - 5 < 2$
　ゆえに，　$3 < x < 7$

(2) $|x + 2| \geqq 3$ より
　　　$x + 2 \leqq -3$　または　$3 \leqq x + 2$
　ゆえに，　$x \leqq -5$　または　$1 \leqq x$

9 1次不等式の応用

33 $5<x<a$ を満たす整数 x がちょうど 3 個存在するように, 定数 a の値の範囲を定めなさい.

▶ $\underset{4\ 5\ 6\ 7\ 8\ 9\ 10\ x}{\longrightarrow}$

34 $3<a<5$, $4<b<9$ のとき, 次の値の範囲を求めなさい.
(1) $a+b$　(2) $a-b$　(3) ab　(4) $\dfrac{a}{b}$

方針 2つの不等式を,辺々引いてはいけない.

▶ $-9<-b<-4$, $\dfrac{1}{9}<\dfrac{1}{b}<\dfrac{1}{4}$

35 空欄を埋めなさい.

あるテーマパークの入場料は, 1 人 600 円であるが, 20 人以上の団体に対しては入場料が 2 割引きになる.

20 人未満の団体について, その人数を x 人とすると, 通常の入場料は ア 円である. 一方 20 人の団体の入場料は割引きが適用されて

$$600\times(1-\boxed{イ})\times\boxed{ウ}=\boxed{エ} 円$$

となる. したがって, x 人の団体が 20 人の団体として入場したほうが有利になるのは, 不等式

$$\boxed{ア}>\boxed{エ}$$

が成り立つときである. これを解いて, $x>\boxed{オ}$ となるので, カ 人以上の団体は 20 人の団体として入場したほうが有利になることがわかる.

36 A, B 2 種類のお菓子の 1 個当たりの重さと値段は右の表のようになっている. A と B を合わせて 10 個入れ, 重さは 500g 以上, 値段は 1500 円以下の詰め合わせを作る. B のほうがおいしいので B をなるべく多く入れるとして, それぞれ何個ずつ入れればよいか答えなさい.

	A	B
重さ	40g	60g
値段	120 円	160 円

9 1次不等式の応用 | 25

ANSWER

33
$5<x<a$ を満たす整数 x がちょうど3個存在するためには

$$8<a\leqq 9$$

(注意) $a=8$ のとき，$5<x<8$ を満たす整数 x は
　　　　$x=6$，7 の2個で，不適．
　　　$a=9$ のとき，$5<x<9$ を満たす整数 x は
　　　　$x=6$，7，8 の3個で，適する．

34
(1) $7<a+b<14$
(2) $3<a<5$，$-9<-b<-4$ より
$$-6<a-b<1$$
(3) $12<ab<45$
(4) $3<a<5$，$\dfrac{1}{9}<\dfrac{1}{b}<\dfrac{1}{4}$ より

$$\dfrac{3}{9}<\dfrac{a}{b}<\dfrac{5}{4} \quad \text{すなわち} \quad \dfrac{1}{3}<\dfrac{a}{b}<\dfrac{5}{4}$$

35
ア $600x$　　イ 0.2　　ウ 20
エ 9600　　オ 16　　カ 17

36
Bの個数を x 個とすると，Aの個数は $10-x$ 個となるので，条件より

$$\begin{cases} 40(10-x)+60x\geqq 500 & \cdots\cdots ① \\ 120(10-x)+160x\leqq 1500 & \cdots\cdots ② \end{cases}$$

①より　　$20x\geqq 100$
　　　　　　$x\geqq 5$　　　　$\cdots\cdots ③$
②より　　$40x\leqq 300$
　　　　　　$x\leqq 7.5$　　　$\cdots\cdots ④$
③，④より　$5\leqq x\leqq 7.5$
Bをなるべく多く入れるので

$$\text{A：}\mathbf{3}\text{個，}\quad \text{B：}\mathbf{7}\text{個}$$

10 集合

37 次の集合を，要素を並べる方法で表しなさい．
(1) $A=\{x\,|\,x$ は素数，$x\leqq15\}$
(2) $B=\{x\,|\,x$ は奇数，$0<x\leqq200\}$
(3) $C=\{3x\,|\,x$ は自然数 $\}$

38 $U=\{n\,|\,n$ は9以下の自然数 $\}$ の部分集合 $A=\{2,\ 4,\ 6,\ 8\}$，$B=\{3,\ 6,\ 9\}$，$C=\{6\}$ について，次の □ の中に
$$\in,\ \notin,\ \ni,\ \not\ni,\ \subset,\ \supset,\ =$$
のうちから適するものを入れなさい．
(1) $4\ \square\ A$，$B\ \square\ 9$，$A\ \square\ 3$，$8\ \square\ B$
(2) $A\ \square\ C$，$C\ \square\ B$，$\phi\ \square\ A$，$\overline{A}\ \square\ \overline{C}$
(3) $A\cap B\ \square\ C$，$B\cup C\ \square\ B$，$\overline{(\overline{A})}\ \square\ A$

39 $U=\{x\,|\,1\leqq x\leqq9\}$ の部分集合 $A=\{x\,|\,1\leqq x\leqq5\}$，$B=\{x\,|\,4<x<7\}$ について，次の集合を求めなさい．
(1) $A\cup B$ (2) $A\cap B$ (3) $\overline{A}\cap\overline{B}$ (4) $\overline{A\cup B}$

方針 U，A，B をそれぞれ数直線上に表して考える．

40 次の □ に，$\cup$，$\cap$ のいずれかを入れなさい．
(1) $\overline{A\cup B}=\overline{A}\ \square\ \overline{B}$
(2) $\overline{A\cap B}=\overline{A}\ \square\ \overline{B}$
(3) $A\cup(B\cap C)=(A\cup B)\ \square\ (A\cup C)$
(4) $A\cap(B\cup C)=(A\cap B)\ \square\ (A\ \square\ C)$

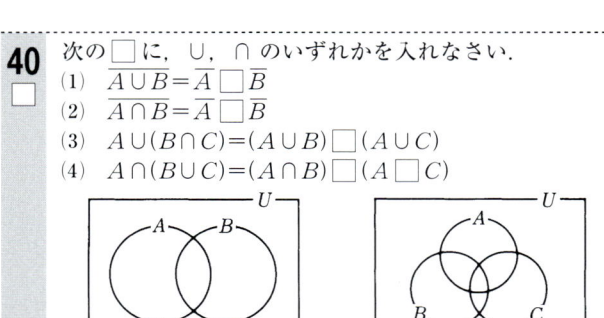

A N S W E R

37
(1) $A=\{2,\ 3,\ 5,\ 7,\ 11,\ 13\}$
(2) $B=\{1,\ 3,\ 5,\ \cdots,\ 199\}$
(3) $C=\{3,\ 6,\ 9,\ 12,\ 15,\ \cdots\}$

---

38 $U=\{1,\ 2,\ 3,\ 4,\ 5,\ 6,\ 7,\ 8,\ 9\}$
(1) $4\in A$, $B\ni 9$, $A\not\ni 3$, $8\notin B$
(2) $A\supset C$, $C\subset B$, $\phi\subset A$, $\overline{A}\subset\overline{C}$
(3) $A\cap B=C$
$\underline{B\cup C=B}$
$\underline{(\overline{\overline{A}})=A}$

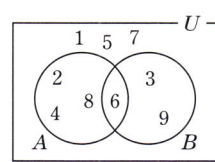

39

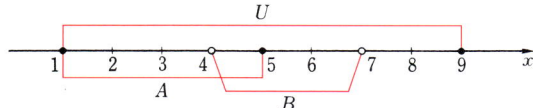

(1) $A\cup B=\{x\,|\,1\leqq x<7\}$
(2) $A\cap B=\{x\,|\,4<x\leqq 5\}$
(3) $\overline{A}\cap\overline{B}=\{x\,|\,7\leqq x\leqq 9\}$
(4) $\overline{A\cup B}=\{x\,|\,7\leqq x\leqq 9\}$

40
(1) $\overline{A\cup B}=\overline{A}\cap\overline{B}$
(2) $\overline{A\cap B}=\overline{A}\cup\overline{B}$
(3) $A\cup(B\cap C)=(A\cup B)\cap(A\cup C)$
(4) $A\cap(B\cup C)=(A\cap B)\cup(A\cap C)$

11 命題と条件

41 ◯ に必要,十分,必要十分のうち最も適するものを入れなさい.ふさわしいものがないときは × を入れなさい.

(1) $ac=bc$ は,$a=b$ であるための ◯ 条件である.
(2) ある整数が 6 でも 8 でも割り切れることは,その数が 24 で割り切れるための ◯ 条件である.
(3) $AB^2+BC^2=CA^2$ は,△ABC が直角三角形であるための ◯ 条件である.
(4) $a^2+b^2+c^2=0$ は,$a=b=c=0$ であるための ◯ 条件である.

▶ 命題 $p \Longrightarrow q$ が真であるとき,
  q は p の必要条件,p は q の十分条件.

42 ◯ に「かつ」,「または」のいずれか適するものを入れなさい.

(1) $x^2+y^2=0 \iff x=0$ ◯ $y=0$
(2) $xy>0 \iff (x>0$ ◯ $y>0)$
  ◯ $(x<0$ ◯ $y<0)$

43 次の命題の逆,裏,対偶を述べ,もとの命題およびそれらの真偽を判定しなさい.

$$x^2<2 \text{ ならば } x<2$$

44 次の命題の否定を述べ,もとの命題およびその否定の真偽を判定しなさい.

(1) すべての実数 x について,$x^2+1>0$ が成り立つ.
(2) ある実数 x について,$x^2+2x+3<0$ が成り立つ.

▶ 「すべての x について $p(x)$」の否定は
  「ある x について $\overline{p(x)}$」
  「ある x について $p(x)$」の否定は
  「すべての x について $\overline{p(x)}$」

41
(1) $a=b \implies ac=bc$ はつねに成り立つが，$c=0$ のとき，$a \neq b$ であっても $ac=bc$ となる．
よって，**必要条件である**．
(2) 6 と 8 の最小公倍数は 24 であるから，**必要十分**条件である．
(3) $AB^2+BC^2=CA^2$ が成り立てば $\triangle ABC$ は直角三角形になるが，$BC^2+CA^2=AB^2$ が成り立っても $\triangle ABC$ は直角三角形になる．
よって，**十分**条件である．
(4) $a^2+b^2+c^2=0 \iff a^2=b^2=c^2=0$
$\iff a=b=c=0$
よって，**必要十分**条件である．

42
(1) $x^2+y^2=0 \iff x^2=y^2=0 \iff x=0$ **かつ** $y=0$
(2) $xy>0$ は，x と y が同符号ということであるから
$(x>0$ **かつ** $y>0)$ **または** $(x<0$ **かつ** $y<0)$

43
もとの命題：**真**
逆　：$x<2$ ならば $x^2<2$ **偽**
（反例：$x=-3$ のとき不成立）
裏　：$x^2 \geq 2$ ならば $x \geq 2$ **偽**
（反例：$x=-3$ のとき不成立）
対偶：$x \geq 2$ ならば　$x^2 \geq 2$ **真**

44
(1) 「ある実数 x について，$x^2+1 \leq 0$ が成り立つ．」
(2) 「すべての実数 x について，$x^2+2x+3 \geq 0$ が成り立つ．」

	もとの命題	否定
(1)	**真**	**偽**
(2)	**偽**	**真**

12 背理法，反例

45 $\sqrt{2}$ が無理数であることを用いて，次の命題を証明しなさい．
a, b, c, d が有理数のとき，
$$a+b\sqrt{2}=c+d\sqrt{2} \quad \text{ならば} \quad a=c \text{ かつ } b=d$$
である．

方針 背理法を利用する．

---

46 対偶を利用して，次の命題を証明しなさい．
整数 a, b について，
ab が偶数ならば a または b は偶数である．

方針 与えられた命題の対偶を述べ，それを証明する．

---

47 次の命題は偽である．反例をあげなさい．
x, y がともに無理数ならば，$x+y \neq 5$ である．

▶ あることがら（命題）が成り立たないことを示す具体的な例を **反例** という．

---

48 次の命題の真偽を判定しなさい．
(1) $x+y$ が有理数ならば，x も y も有理数である．
(2) 整数 n について，n が素数ならば n^2+1 も素数である．
(3) 正の数 x, y について，
$x^2+y^2>18$ ならば $x>3$ または $y>3$ である．

方針 (3)は，対偶が成り立つことを示す．

12 背理法，反例

ANSWER

45 $a+b\sqrt{2}=c+d\sqrt{2}$ より，$(b-d)\sqrt{2}=c-a$ ……①
ここで，$b-d \neq 0$ とすると，$\sqrt{2}=\dfrac{c-a}{b-d}$

a, b, c, d は有理数であるから，$\dfrac{c-a}{b-d}$ も有理数となり，これは，$\sqrt{2}$ が無理数であることに反する．
よって，$b-d=0$ であり，このとき①より，$c-a=0$
ゆえに，$a=c$ かつ $b=d$

46 対偶：a, b がともに奇数ならば，ab も奇数である．
これを証明すればよい．
a, b がともに奇数であるとき，
$$a=2m+1, \quad b=2n+1 \quad (m, n は整数)$$
と表される．
このとき，
$$\begin{aligned}ab &= (2m+1)(2n+1) = 4mn+2m+2n+1 \\ &= 2(2mn+m+n)+1\end{aligned}$$
は，奇数である．
対偶が真であるから，もとの命題も真である．

47 たとえば，$x=\sqrt{2}$，$y=5-\sqrt{2}$ とすると，x, y はともに無理数であるが，$x+y=5$ となる．

48
(1) **偽** 反例は，$x=\sqrt{2}$，$y=5-\sqrt{2}$
(2) **偽** 反例は，$n=3$ は素数であるが，$3^2+1=10$ は素数ではない．
(3) **真** 対偶：$0 < x \leqq 3$ かつ $0 < y \leqq 3$ ならば
$$x^2+y^2 \leqq 18 \text{ である}$$
が真であるから，もとの命題も真である．

13 関数

49 次の(1)～(4)のうち，y が x の関数であるものはどれか答えなさい．
(1) 実数 x の絶対値を y とする．
(2) $x>0$ のとき，平方して x になる実数を y とする．
(3) $x>0$ のとき，面積 $x\,\mathrm{cm}^2$ の円の半径を $y\,\mathrm{cm}$ とする．
(4) 自然数 x の正の約数の個数を y とする．

▶ 2 つの変数 x, y があり，x の値を定めるとそれに対応して y の値がただ 1 つ定まるとき，y は x の関数であるという．

50 $f(x)=2x^2-x-3$ のとき，次の値を求めなさい．
(1) $f(2)$ (2) $f(-1)$ (3) $f(a)$

方針 変数 x に具体的な値を代入して整理する．

51 右の図の直線の式を求めなさい．

方針 直線の傾きや切片から直線の式を求める．

▶ x 軸に平行な直線の式は $y=p$
y 軸に平行な直線の式は $x=q$

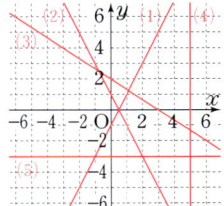

52 次の関数について，x の変域が（ ）内のように指定されているときの最大値および最小値を求めなさい．
(1) $f(x)=2x-1$ $(-1\leqq x\leqq 2)$
(2) $g(x)=-\dfrac{2}{3}x+2$ $(-3\leqq x\leqq 1)$

▶ 1 次関数 $f(x)=ax+b$ について
$a>0$ のとき，x が増加すると $f(x)$ も増加する．
$a<0$ のとき，x が増加すると $f(x)$ は減少する．

ANSWER

49 (1), (3), (4)

(**参考**) (2)は，x に対応する y が 2 つ存在する．

50
(1) $f(2) = 2 \cdot 2^2 - 2 - 3$
$= \boldsymbol{3}$
(2) $f(-1) = 2 \cdot (-1)^2 - (-1) - 3$
$= \boldsymbol{0}$
(3) $f(a) = \boldsymbol{2a^2 - a - 3}$

51
(1) 傾きが 2，y 切片が -1 であるから
$$y = 2x - 1$$
(2) 傾きが -2，y 切片が 1 であるから
$$y = -2x + 1$$
(3) 傾きが $-\dfrac{2}{3}$，y 切片が 2 であるから
$$y = -\dfrac{2}{3}x + 2$$
(4) 点 $(5, 0)$ を通り，y 軸に平行であるから
$$x = 5$$
(5) 点 $(0, -3)$ を通り，x 軸に平行であるから
$$y = -3$$

52
(1) 最大値　$f(2) = \boldsymbol{3}$
　　最小値　$f(-1) = \boldsymbol{-3}$
(2) 最大値　$g(-3) = \boldsymbol{4}$
　　最小値　$g(1) = \boldsymbol{\dfrac{4}{3}}$

(**参考**) (1), (2) の関数のグラフはそれぞれ，問題 **51** (1), (3) の直線である．

14 2次関数とそのグラフ

53 空欄を埋めなさい．
関数 $y=2x^2$ のグラフを，x 軸方向に 2，y 軸方向に -3 だけ平行移動すると，2次関数
$$y=\boxed{}x^2+\boxed{}x+\boxed{}$$
のグラフになる．

$$y=ax^2 \xrightarrow[\substack{x\text{軸方向に}p \\ y\text{軸方向に}q}]{\text{平行移動}} y=a(x-p)^2+q$$

54 2次関数 $y=-3x^2+18x+7$ のグラフは，関数 $y=\boxed{}x^2$ のグラフを，x 軸方向に $\boxed{}$，y 軸方向に $\boxed{}$ だけ平行移動して得られる．

方針 平方完成して，グラフの頂点について考える．

55 2次関数 $y=4x^2+16x-7$ のグラフを x 軸方向に $\boxed{}$，y 軸方向に $\boxed{}$ だけ平行移動して得られるグラフの頂点は，$(5, -29)$ である．

方針 グラフの頂点の移動を調べる．

56 2次関数 $y=2(x-1)^2+5$ のグラフを C とする．C を x 軸に関して対称移動すると，2次関数
$$y=\boxed{}(x-\boxed{})^2+\boxed{}$$
のグラフが得られる．
また，C を y 軸に関して対称移動すると，2次関数
$$y=\boxed{}(x-\boxed{})^2+\boxed{}$$
のグラフが得られる．

方針 グラフの頂点の移動と x^2 の係数を調べる．

ANSWER

53 $y=2x^2$ のグラフを, x 軸方向に 2, y 軸方向に -3 だけ平行移動すると
$$y=2(x-2)^2+(-3)$$
ゆえに, $y=2x^2+(-8)x+5$

54 $y=-3x^2+18x+7$ を変形して
$$y=-3(x-3)^2+34$$
ゆえに, $y=-3x^2$ のグラフを
 x 軸方向に 3, y 軸方向に 34 だけ
平行移動して得られる.

55 $y=4x^2+16x-7$ を変形して
$$y=4(x+2)^2-23$$
この 2 次関数のグラフの頂点は $(-2, -23)$ である.
したがって,
 x 軸方向に, $5-(-2)=7$
 y 軸方向に, $(-29)-(-23)=-6$
だけ平行移動する.

56 x 軸に関する対称移動により
 頂点は x 軸に関して対称移動され, $(1, -5)$ となり,
 x^2 の係数は -1 倍され, -2 となる.
ゆえに, $y=-2(x-1)^2+(-5)$
y 軸に関する対称移動により
 頂点は y 軸に関して対称移動され, $(-1, 5)$ となり,
 x^2 の係数は変わらない.
ゆえに, $y=2\{x-(-1)\}^2+5$

15 2次関数の決定

57 空欄を埋めなさい．
2次関数
$$y = \boxed{} x^2 + \boxed{} x + \boxed{}$$
のグラフは，頂点が $(2, 1)$ で，点 $(3, 3)$ を通る．

方針 頂点が (p, q) ならば，$y = a(x-p)^2 + q$ とおく．

---

58 2次関数
$$y = \boxed{} x^2 + \boxed{} x + \boxed{}$$
のグラフは，軸が $x = -3$ で，2点 $(-2, 3)$, $(0, -5)$ を通る．

方針 軸が $x = p$ ならば，$y = a(x-p)^2 + q$ とおく．
▶ 点 $(p, 0)$ を通り y 軸に平行な直線の式は，$x = p$

---

59 2次関数
$$y = \boxed{} x^2 + \boxed{} x + \boxed{}$$
のグラフは，3点 $(1, 0)$, $(0, -1)$, $(2, 9)$ を通る．

方針 3点が与えられたら，$y = ax^2 + bx + c$ とおく．
▶ 3点の座標を代入して，a, b, c に関する連立方程式をつくって解く．

---

60 2次関数
$$y = \boxed{} x^2 + \boxed{} x + \boxed{}$$
のグラフは，x 軸と2点 $(-2, 0)$, $(3, 0)$ で交わり，y 軸と点 $(0, 18)$ で交わる．

方針 x 軸と $(\alpha, 0)$, $(\beta, 0)$ で交わるならば，
$y = a(x-\alpha)(x-\beta)$ とおく．

57

頂点が $(2, 1)$ であるから,
$$y = a(x-2)^2 + 1$$
とおける.
$x=3$, $y=3$ を代入して
$\quad 3 = a + 1 \quad$ より $\quad a = 2$
ゆえに, $y = 2(x-2)^2 + 1$
すなわち, $y = 2x^2 - 8x + 9 = \mathbf{2}x^2 + (\mathbf{-8})x + \mathbf{9}$

58

軸が $x = -3$ であるから,
$$y = a(x+3)^2 + q$$
とおける.
$x = -2$, $y = 3$ を代入して $\quad 3 = a + q$
$x = 0$, $y = -5$ を代入して $\quad -5 = 9a + q$
よって, $a = -1$, $q = 4$
ゆえに,
$\quad y = -(x+3)^2 + 4$
$\quad\quad = -x^2 - 6x - 5 = (\mathbf{-1})x^2 + (\mathbf{-6})x + (\mathbf{-5})$

59

$y = ax^2 + bx + c$ とおいて, 3点の座標を代入すると
$\quad a + b + c = 0$, $c = -1$, $4a + 2b + c = 9$
よって, $a = 4$, $b = -3$, $c = -1$
ゆえに, $y = \mathbf{4}x^2 + (\mathbf{-3})x + (\mathbf{-1})$

60

$(-2, 0)$, $(3, 0)$ を通るから,
$$y = a(x+2)(x-3)$$
とおける.
$x = 0$, $y = 18$ を代入して
$\quad 18 = -6a \quad$ より $\quad a = -3$
ゆえに, $y = -3(x+2)(x-3)$
すなわち, $y = -3x^2 + 3x + 18 = (\mathbf{-3})x^2 + \mathbf{3}x + \mathbf{18}$

16 2次関数の最大・最小

61 空欄を埋めなさい．
(1) 2次関数 $y=x^2+4x+5$ は，
$x=\boxed{}$ のとき，最小値 $\boxed{}$ をとる．
また，最大値は $\boxed{}$．

(2) 2次関数 $y=-2x^2+4x+3$ は，
$x=\boxed{}$ のとき，最大値 $\boxed{}$ をとる．
また，最小値は $\boxed{}$．

62 2次関数 $y=x^2+4x+5$ について，x の変域が次のように与えられたとき，その最大値，最小値を求めなさい．
(1) $-3 \leqq x \leqq 0$　　(2) $-1 \leqq x \leqq 2$

方針 平方完成し，グラフをかき，x の変域とグラフの軸との位置関係に注意する．

63 2次関数 $y=-2x^2+4x+3$ について，x の変域が次のように与えられたとき，その最大値，最小値を求めなさい．
(1) $0 \leqq x \leqq 3$　　(2) $2 \leqq x \leqq 3$

方針 グラフが上に凸であることに注意して，前問と同様に考える．

64 周の長さが 24cm の長方形の面積の最大値を求めなさい．

方針 長方形の1辺の長さを x cm として，長方形の面積を x の2次関数として表す．

▶ (たて) + (よこ) = 12 (cm)

16 2次関数の最大・最小

61
(1) $y=x^2+4x+5=(x+2)^2+1$ より
 $x=-2$ のとき，最小値 **1** をとる．
 また，最大値は**ない**．
(2) $y=-2x^2+4x+3=-2(x-1)^2+5$ より
 $x=1$ のとき，最大値 **5** をとる．
 また，最小値は**ない**．

62
$y=(x+2)^2+1$
グラフは下に凸で，グラフの軸は，$x=-2$ である．
(1) $x=$ **0** のとき，**最大値 5** をとり，
 $x=$ **−2** のとき，**最小値 1** をとる．
(2) $x=$ **2** のとき，**最大値 17** をとり，
 $x=$ **−1** のとき，**最小値 2** をとる．

63
$y=-2(x-1)^2+5$
グラフは上に凸で，グラフの軸は，$x=1$ である．
(1) $x=$ **1** のとき，**最大値 5** をとり，
 $x=$ **3** のとき，**最小値 −3** をとる．
(2) $x=$ **2** のとき，**最大値 3** をとり，
 $x=$ **3** のとき，**最小値 −3** をとる．

64
この長方形のとなり合う 2 辺の長さを
 x cm，$12-x$ cm （ただし，$0<x<12$）
とすると，面積は $x(12-x)$ cm² となる．そして
$$x(12-x)=12x-x^2$$
$$=-x^2+12x$$
$$=-(x-6)^2+36$$
ゆえに，長方形の面積は，$x=6$ のとき最大で，最大値は
 36 cm²

17 2次方程式の解法

65 次の2次方程式を，因数分解によって解きなさい．
(1) $x^2-16x+63=0$
(2) $12x^2+7x+1=0$
(3) $2x^2+5x-3=0$
(4) $6x^2-5x-4=0$

方針　「$AB=0$ ならば，$A=0$ または $B=0$」を用いる．

---

66 2次方程式 $ax^2+2Bx+c=0$ の解は
$x=\dfrac{-B\pm\sqrt{B^2-ac}}{a}$ となることを確かめなさい．

方針　$x=\dfrac{-b\pm\sqrt{b^2-4ac}}{2a}$ の b に $2B$ を代入して整理すればよい．

---

67 次の2次方程式を解きなさい．
(1) $3x^2-8x+1=0$
(2) $5x^2+14x-2=0$

方針　問題66の公式を利用する．

---

68 次の2次方程式を解きなさい．
(1) $6x^2-13x+6=0$
(2) $5x^2+9x+2=0$
(3) $7x^2-14x-3=0$
(4) $20x^2+x-12=0$

方針　簡単に因数分解できるものは，因数分解して解く．因数分解できそうもなければ，解の公式を利用する．

65
(1) $x^2-16x+63=0$
$(x-7)(x-9)=0$
ゆえに，$x=$ **7，9**

(2) $12x^2+7x+1=0$
$(3x+1)(4x+1)=0$
ゆえに，$x=-\dfrac{1}{3}, \ -\dfrac{1}{4}$

(3) $2x^2+5x-3=0$
$(x+3)(2x-1)=0$
ゆえに，$x=$ **$-3, \ \dfrac{1}{2}$**

(4) $6x^2-5x-4=0$
$(2x+1)(3x-4)=0$
ゆえに，$x=-\dfrac{1}{2}, \ \dfrac{4}{3}$

66 解の公式を利用して
$x=\dfrac{-2B\pm\sqrt{(2B)^2-4ac}}{2a}=\dfrac{-2B\pm 2\sqrt{B^2-ac}}{2a}$
$=\dfrac{-B\pm\sqrt{B^2-ac}}{a}$

67
(1) $x=\dfrac{-(-4)\pm\sqrt{(-4)^2-3\cdot 1}}{3}$
$=\dfrac{4\pm\sqrt{13}}{3}$

(2) $x=\dfrac{-7\pm\sqrt{7^2-5\cdot(-2)}}{5}$
$=\dfrac{-7\pm\sqrt{59}}{5}$

68
(1) $6x^2-13x+6=0$
$(2x-3)(3x-2)=0$
$x=\dfrac{3}{2}, \ \dfrac{2}{3}$

(2) $x=\dfrac{-9\pm\sqrt{9^2-4\cdot 5\cdot 2}}{2\cdot 5}$
$=\dfrac{-9\pm\sqrt{41}}{10}$

(3) $x=\dfrac{-(-7)\pm\sqrt{(-7)^2-7\cdot(-3)}}{7}$
$=\dfrac{7\pm\sqrt{70}}{7}$

(4) $20x^2+x-12=0$
$(4x-3)(5x+4)=0$
$x=\dfrac{3}{4}, \ -\dfrac{4}{5}$

18 2次方程式の実数解の個数

69 次の2次方程式を，解の公式を利用して解きなさい．
(1) $x^2-4x+3=0$ 　　(2) $x^2-4x+4=0$
(3) $x^2-4x+5=0$

方針 負の数の平方根は，実数の中には存在しない．
▶ 根号内が負の数になったら，「実数解なし」と答える．

---

70 次の2次方程式の実数解の個数を求めなさい．
(1) $8x^2+6x+1=0$ 　　(2) $9x^2+6x+1=0$
(3) $10x^2+6x+1=0$

方針 判別式 $D=b^2-4ac$ の値を計算する．
▶ 実数解の個数は，
　$D>0$ のとき2個，$D=0$ のとき1個，$D<0$ のとき0個．
▶ $ax^2+2Bx+c=0$ については，$\dfrac{D}{4}=B^2-ac$ を計算してもよい．

---

71 x の2次方程式 $x^2+3x+a+2=0$ ……① が次の各条件を満たすように，a の値または a の値の範囲を定めなさい．
(1) ①が異なる2個の実数解をもつ．
(2) ①がただ1つの実数解(重解)をもつ．
(3) ①が実数解をもたない．

方針 判別式 $D=b^2-4ac$ の符号がそれぞれの条件を満たすようにする．

---

72 x の2次方程式 $3x^2-12x-k+7=0$ が実数解をもつように，実数の定数 k の値の範囲を定めなさい．

方針 判別式 $D=b^2-4ac\geqq 0$ となるような k の値の範囲を求める．
▶ $\dfrac{D}{4}$ を利用するとよい．

ANSWER

69

(1) $x = \dfrac{-(-4) \pm \sqrt{(-4)^2 - 4 \cdot 1 \cdot 3}}{2 \cdot 1} = \dfrac{4 \pm 2}{2} = $ **3, 1**

(2) $x = \dfrac{-(-4) \pm \sqrt{(-4)^2 - 4 \cdot 1 \cdot 4}}{2 \cdot 1} = \dfrac{4 \pm 0}{2} = $ **2**

(3) $x = \dfrac{-(-4) \pm \sqrt{(-4)^2 - 4 \cdot 1 \cdot 5}}{2 \cdot 1} = \dfrac{4 \pm \sqrt{-4}}{2}$

根号内が負になったので，**実数解なし**.

70

(1) $\dfrac{D}{4} = 3^2 - 8 \cdot 1 = 1 > 0$ より，実数解は **2個**

(2) $\dfrac{D}{4} = 3^2 - 9 \cdot 1 = 0$ より，実数解は **1個**

(3) $\dfrac{D}{4} = 3^2 - 10 \cdot 1 = -1 < 0$ より，実数解は **0個**

---

71 $D = 3^2 - 4(a+2) = 1 - 4a$

(1) $D = 1 - 4a > 0$ より $\boldsymbol{a < \dfrac{1}{4}}$

(2) $D = 1 - 4a = 0$ より $\boldsymbol{a = \dfrac{1}{4}}$

(3) $D = 1 - 4a < 0$ より $\boldsymbol{\dfrac{1}{4} < a}$

---

72 $\dfrac{D}{4} = (-6)^2 - 3(-k+7) = 3k + 15 \geqq 0$

ゆえに，$\boldsymbol{k \geqq -5}$

19 2次関数のグラフと x 軸との共有点

73 次の2次関数のグラフと x 軸との共有点の x 座標を求めなさい．
(1) $y = x^2 + 3x - 10$
(2) $y = -4x^2 + 12x - 9$

方針 $y = 0$ を代入し，x の2次方程式を解く．

74 次の2次関数のグラフと x 軸との共有点の個数を求めなさい．
(1) $y = 3x^2 - 4x + 1$
(2) $y = 4x^2 + 4x + 1$
(3) $y = -x^2 + 3x - 5$

方針 判別式 $D = b^2 - 4ac$ の符号を調べる．
▶ $y = 0$ を代入して得られる x の2次方程式の実数解の個数が，グラフと x 軸との共有点の個数に等しい．

75 次の2次関数のグラフが x 軸と接するように，定数 k の値を定めなさい．
(1) $y = 2x^2 - 12x + k$
(2) $y = -3x^2 + kx - 12$

方針 判別式 D が 0 となるように，k の値を定める．

76 2次関数 $y = x^2 - 8x + k$ のグラフと x 軸との共有点の個数は，定数 k の値によってどのように変わるか答えなさい．

方針 判別式 D を計算し，k の値によって D の符号がどのようになるかを調べる．

19 2次関数のグラフとx軸との共有点

73
(1) $x^2+3x-10=0$ より
 $(x+5)(x-2)=0$
 ゆえに， $x=-5, \ 2$
(2) $-4x^2+12x-9=0$ より
 $4x^2-12x+9=0$
 $(2x-3)^2=0$
 ゆえに， $x=\dfrac{3}{2}$（重解）

74
(1) $\dfrac{D}{4}=(-2)^2-3\cdot 1=1>0$ より，共有点は **2個**
(2) $\dfrac{D}{4}=2^2-4\cdot 1=0$ より，共有点は **1個**
(3) $D=3^2-4\cdot(-1)\cdot(-5)=-11<0$ より，共有点は **0個**

75
(1) $\dfrac{D}{4}=(-6)^2-2\cdot k=0$ より $k=\mathbf{18}$
(2) $D=k^2-4\cdot(-3)\cdot(-12)=0$ より $k^2-12^2=0$
 ゆえに， $k=\pm\mathbf{12}$

76 $\dfrac{D}{4}=(-4)^2-1\cdot k=16-k$

$16-k>0 \iff k<16$
$16-k=0 \iff k=16$
$16-k<0 \iff k>16$

k	$k<16$	$k=16$	$16<k$
共有点の個数	**2**	**1**	**0**

20 2次方程式の解の問題

77 x の 2 次方程式 $x^2-4x+a=0$ が $x=2-\sqrt{7}$ を解にもつとき,定数 a の値を求めなさい.

方針 方程式の解はその方程式を満たす未知数 x の値であるから,代入して成り立つ.

78 2 次方程式 $ax^2+bx+c=0$ の解
$\alpha=\dfrac{-b+\sqrt{D}}{2a}$, $\beta=\dfrac{-b-\sqrt{D}}{2a}$ ただし,$D=b^2-4ac$
について,次の値を計算しなさい.
(1) $\alpha+\beta$ (2) $\alpha\beta$

> **2 次方程式の 解と係数の関係**
> **2 次方程式 $ax^2+bx+c=0$ の解を α, β とすると**
> $$\alpha+\beta=-\dfrac{b}{a},\ \alpha\beta=\dfrac{c}{a}$$

79 2 次方程式 $2x^2-8x+3=0$ の解を α, β とするとき,次の値を求めなさい.
(1) $\alpha+\beta$ (2) $\alpha\beta$ (3) $\alpha^2+\beta^2$ (4) $(\alpha-\beta)^2$

方針 (1), (2)は解と係数の関係を利用する.
(3), (4)は(1), (2)の結果を利用する.

80 問題 77 を,他の解を α とおいて解きなさい.

方針 $(2-\sqrt{7})+\alpha$, $(2-\sqrt{7})\cdot\alpha$ を,解と係数の関係を利用して求め,連立させる.

77 与えられた方程式に $x=2-\sqrt{7}$ を代入して
$$(2-\sqrt{7})^2-4(2-\sqrt{7})+a=0$$
$$3+a=0$$
ゆえに、$a=\mathbf{-3}$

78 (1) $\alpha+\beta=\dfrac{-b+\sqrt{D}}{2a}+\dfrac{-b-\sqrt{D}}{2a}=\dfrac{-2b}{2a}=\mathbf{-\dfrac{b}{a}}$

(2) $\alpha\beta=\dfrac{-b+\sqrt{D}}{2a}\cdot\dfrac{-b-\sqrt{D}}{2a}=\dfrac{(-b)^2-(\sqrt{D})^2}{4a^2}$

$=\dfrac{b^2-D}{4a^2}=\dfrac{b^2-(b^2-4ac)}{4a^2}=\dfrac{4ac}{4a^2}=\mathbf{\dfrac{c}{a}}$

79 (1) $\alpha+\beta=-\dfrac{-8}{2}=\mathbf{4}$

(2) $\alpha\beta=\mathbf{\dfrac{3}{2}}$

(3) $\alpha^2+\beta^2=(\alpha+\beta)^2-2\alpha\beta$
$=4^2-2\cdot\dfrac{3}{2}=\mathbf{13}$

(4) $(\alpha-\beta)^2=(\alpha+\beta)^2-4\alpha\beta$
$=4^2-4\cdot\dfrac{3}{2}=\mathbf{10}$

80 他の解を α とおくと、解と係数の関係より
$$\begin{cases}(2-\sqrt{7})+\alpha=-\dfrac{-4}{1}\\(2-\sqrt{7})\cdot\alpha=\dfrac{a}{1}\end{cases} \text{すなわち} \begin{cases}(2-\sqrt{7})+\alpha=4\\(2-\sqrt{7})\alpha=a\end{cases}$$

ゆえに、$\alpha=4-(2-\sqrt{7})=2+\sqrt{7}$
$a=(2-\sqrt{7})\cdot(2+\sqrt{7})=2^2-(\sqrt{7})^2=\mathbf{-3}$

21 2次方程式の応用

81 連続する2つの自然数の平方の和は，もとの2つの自然数の和の7倍より6小さい．もとの2つの自然数を求めなさい．

> **方針** 2つの自然数を x, $x+1$ とおく．

82 ある直角三角形の1辺の長さは，斜辺より2cm短かく，他の1辺より2cm長い．この直角三角形の斜辺の長さを求めなさい．

> **方針** 斜辺の長さを x cm とおくと，他の2辺の長さは $x-2$ cm, $x-4$ cm となる．

83 ある商品の原価に x %の利益を見込んで定価を付けたが売れなかったので，定価の x %引きで売ったところ，その値段は原価の9%引きの値段に等しくなった．x の値を求めなさい．

> **方針** 原価を a 円とおく．
>
> ▶ 定価は $a\left(1+\dfrac{x}{100}\right)$ 円，売価は $a\left(1+\dfrac{x}{100}\right)\left(1-\dfrac{x}{100}\right)$ 円

84 1辺の長さが1の正五角形の対角線の長さを求めなさい．

> **方針** 右の図で，△ABE∽△FCD である．
>
> ▶ 四角形 ABFE はひし形．
> ▶ FC＝FD＝$x-1$ を利用する．

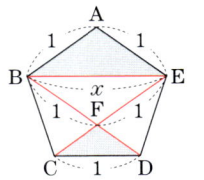

81

2つの自然数を x, $x+1$ とおくと
$$x^2+(x+1)^2=\{x+(x+1)\}\times 7-6$$
$$2x^2+2x+1=14x+1$$
$$2x^2-12x=0 \qquad 2x(x-6)=0$$
$$x=0, \ 6$$
$x=6$ が適するので，もとの自然数は **6，7** である．

82

斜辺の長さを x cm とおくと，他の2辺の長さは $x-2$ cm，$x-4$ cm となるので，三平方の定理より
$$(x-2)^2+(x-4)^2=x^2$$
$$x^2-12x+20=0$$
$$(x-2)(x-10)=0 \qquad x=2, \ 10$$
$x-4>0$ すなわち $x>4$ より，$x=10$ のみ適する．
ゆえに，**10 cm**

83

原価を a 円とすると，条件より
$$a\left(1+\frac{x}{100}\right)\left(1-\frac{x}{100}\right)=a\left(1-\frac{9}{100}\right)$$
$$1-\left(\frac{x}{100}\right)^2=1-\frac{9}{100}$$
$$\left(\frac{x}{100}\right)^2=\frac{9}{100}$$
$x>0$ より $\dfrac{x}{100}=\dfrac{3}{10}$ ゆえに，$x=$ **30**

84

対角線の長さを x とする．△ABE∽△FCD より
$$\text{AB}:\text{FC}=\text{BE}:\text{CD}$$
よって， $1:(x-1)=x:1$
$$x^2-x-1=0 \qquad x=\frac{1\pm\sqrt{5}}{2}$$
$x>0$ より $x=\dfrac{\mathbf{1+\sqrt{5}}}{\mathbf{2}}$

22 2次関数のいろいろな問題

85 2次関数 $y=x^2$ のグラフと次の直線との交点の座標を求めなさい.
(1) $y=x+6$ (2) $y=-4x-4$

方針 連立方程式の解が,2つのグラフの交点の座標である.

86 次の2つの関数のグラフが共有点をもつように,定数 a の値の範囲を定めなさい.
$$y=x^2 \ \cdots\cdots ①, \quad y=4x+a \ \cdots\cdots ②$$

方針 共有点の座標は,2式を連立させた方程式の解である.

▶ ①,②から y を消去して整理し,$D \geqq 0$ を計算する.

87 関数 $y=|x^2-2x|$ のグラフをかきなさい.

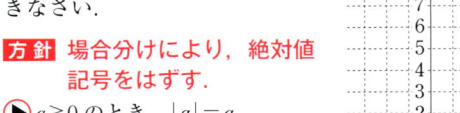

方針 場合分けにより,絶対値記号をはずす.

▶ $a \geqq 0$ のとき,$|a|=a$
$a<0$ のとき,$|a|=-a$

88 次の関数のグラフが定数 a の値にかかわらず必ず通る点の座標を求めなさい.
(1) $y=ax+5$
(2) $y=ax+2a$
(3) $y=ax^2+2x-a$

方針 a について整理して考える.

▶ (3) $y=a(x^2-1)+2x$ が a の値にかかわらず成り立つためには,
$$x^2-1=0 \ \text{かつ} \ y=2x$$

22 2次関数のいろいろな問題

85
(1) $y=x^2$ と $y=x+6$ より
$$x^2-x-6=0$$
$$(x+2)(x-3)=0 \quad x=-2, \ 3$$
ゆえに，　**$(-2, \ 4), \ (3, \ 9)$**

(2) $y=x^2$ と $y=-4x-4$ より
$$x^2+4x+4=0$$
$$(x+2)^2=0 \quad x=-2 \ (重解)$$
ゆえに，　**$(-2, \ 4)$**

86
①，②より　$x^2-4x-a=0$
$\dfrac{D}{4}=(-2)^2-1\cdot(-a)=a+4\geqq 0$　より
$$\boldsymbol{a\geqq -4}$$

87
$x^2-2x=x(x-2)$ であるから
$x\leqq 0, \ 2\leqq x$ のとき
$$y=x^2-2x$$
$0\leqq x\leqq 2$ のとき
$$y=-x^2+2x$$
グラフは右図のようになる．

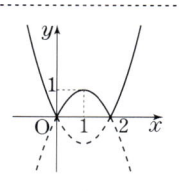

88
(1) **$(0, \ 5)$**
(2) $y=a(x+2)$ より　**$(-2, \ 0)$**
(3) $y=a(x^2-1)+2x$ より
$$\begin{cases} x^2-1=0 \\ y=2x \end{cases}$$
ゆえに，　**$(1, \ 2), \ (-1, \ -2)$**

23 2次不等式の解法

89 次の2次不等式を解きなさい．
(1) $x^2-8x+15<0$
(2) $x^2+15x+56\geqq 0$
(3) $2x^2+7x-4>0$
(4) $6x^2-5x-6\leqq 0$

> $\alpha<\beta$ のとき
> $(x-\alpha)(x-\beta)>0$ の解は $x<\alpha,\ \beta<x$
> $(x-\alpha)(x-\beta)<0$ の解は $\alpha<x<\beta$

90 次の2次不等式を解きなさい．
(1) $x^2-2x-1\leqq 0$
(2) $3x^2+5x-1>0$

方針 因数分解がうまくいかないときは，2次方程式の解の公式を用いる．

91 次の2次不等式を解きなさい．
(1) $2x^2+2x+1>0$
(2) $6x^2-3x+2\leqq 0$

方針 左辺を平方完成する．

92 次の連立不等式を解きなさい．
$\begin{cases} x^2+2x-8<0 & \cdots\cdots ① \\ 2x^2-5x-7\geqq 0 & \cdots\cdots ② \end{cases}$

方針 それぞれの不等式を解き，解の共通部分を求める．

23 2次不等式の解法

ANSWER

89
(1) $x^2-8x+15<0$
$(x-3)(x-5)<0$
ゆえに，$3<x<5$

(2) $x^2+15x+56\geqq 0$
$(x+7)(x+8)\geqq 0$
ゆえに，$x\leqq -8,\ -7\leqq x$

(3) $2x^2+7x-4>0$
$(x+4)(2x-1)>0$
ゆえに，$x<-4,\ \dfrac{1}{2}<x$

(4) $6x^2-5x-6\leqq 0$
$(2x-3)(3x+2)\leqq 0$
ゆえに，$-\dfrac{2}{3}\leqq x\leqq \dfrac{3}{2}$

90
(1) $x^2-2x-1=0$ より $x=1\pm\sqrt{2}$
ゆえに，$1-\sqrt{2}\leqq x\leqq 1+\sqrt{2}$

(2) $3x^2+5x-1=0$ より $x=\dfrac{-5\pm\sqrt{37}}{6}$
ゆえに，$x<\dfrac{-5-\sqrt{37}}{6},\ \dfrac{-5+\sqrt{37}}{6}<x$

91
(1) 変形して $2\left(x+\dfrac{1}{2}\right)^2+\dfrac{1}{2}>0$ となるので，
解は **実数全体**

(2) 変形して $6\left(x-\dfrac{1}{4}\right)^2+\dfrac{13}{8}\leqq 0$ となるので，**解なし**

92
①より $(x+4)(x-2)<0$
よって，$-4<x<2$ ……③
②より $(x+1)(2x-7)\geqq 0$
よって，$x\leqq -1,\ \dfrac{7}{2}\leqq x$ ……④
③，④より $-4<x\leqq -1$

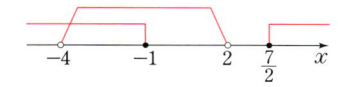

24 2次不等式の解

93 2次不等式 $ax^2+bx+6>0$ の解が $2-\sqrt{10}<x<2+\sqrt{10}$ となった.定数 a, b の値を求めなさい.

方針 $(x-\alpha)(x-\beta)<0 \iff \alpha<x<\beta$
ただし,$\alpha<\beta$

---

94 次の2次不等式の解が実数全体となるように,定数 k の値の範囲を定めなさい.
$$2x^2-16x+k>0$$

$a \neq 0$ のとき,
すべての実数 x について $\iff \begin{cases} a>0 \\ D=b^2-4ac<0 \end{cases}$
$ax^2+bx+c>0$

---

95 $1 \leqq x \leqq 4$ のとき,つねに次の不等式が成り立つように,定数 a の値の範囲を定めなさい.
$$x^2>-6x+a$$

方針 移項して,$f(x)>0$ の形にして考える.
▶ x の変域において,$f(x)$ の最小値 >0 となればよい.

---

96 $x^2-3x-4<0$ ならばつねに $(x+2)(x-a)<0$ が成り立つように,定数 a の値の範囲を定めなさい.

方針 まず,それぞれの不等式の解を,数直線上に表す.
▶ 解を順に A, B とするとき,$A \subset B$ となればよい.

ANSWER

93
$2-\sqrt{10} < x < 2+\sqrt{10} \iff -\sqrt{10} < x-2 < \sqrt{10}$
$\iff |x-2| < \sqrt{10} \iff (x-2)^2 < 10$
$\iff x^2-4x-6 < 0 \iff -x^2+4x+6 > 0$
ゆえに，$a = \mathbf{-1}$, $b = \mathbf{4}$

94
x^2 の係数が正であるから，求める条件は
$$\frac{D}{4} = (-8)^2 - 2 \cdot k < 0$$
$64 - 2k < 0$　　ゆえに，　$\mathbf{k > 32}$

95
$x^2 > -6x + a$ より　$x^2 + 6x - a > 0$
　　　$x^2 + 6x + 9 - a - 9 > 0$, $(x+3)^2 - a - 9 > 0$
$1 \leqq x \leqq 4$ において，左辺は $x=1$ のとき最小となるので，
$x=1$ のとき不等式が成り立てばよい．
よって，$1^2 + 6 \cdot 1 - a > 0$
ゆえに，$\mathbf{a < 7}$

96
$x^2 - 3x - 4 < 0$ より　$(x+1)(x-4) < 0$
よって，　　$-1 < x < 4$
また，$(x+2)(x-a) < 0$ の解は
(ア)　$a < -2$ のとき，　　$a < x < -2$
(イ)　$a = -2$ のとき，　　なし
(ウ)　$-2 < a$ のとき，　　$-2 < x < a$
よって，題意を満たすのは(ウ)のときで　$\mathbf{a \geqq 4}$

(注意)　$a = 4$ のとき，
　　　　$A = \{x \mid -1 < x < 4\}$
　　　　$B = \{x \mid -2 < x < 4\}$
　　　となり，$A \subset B$ が成り立つので，題意を満たす．

25 2次方程式の解の符号

97 2次方程式 $x^2-6x+a=0$ が異なる2つの正の解をもつように, 定数 a の値の範囲を定めなさい.

方針 グラフと x 軸との交点を調べる.

▶ グラフと x 軸とが, $x>0$ の範囲に異なる2つの交点をもつようにする.

▶ $\begin{cases} 判別式\ D>0, \\ グラフの軸の\ x\ 座標>0, \\ x=0\ のときの値\ >0 \end{cases}$

---

98 2次方程式 $x^2+8x+a=0$ が異なる2つの負の解をもつように, 定数 a の値の範囲を定めなさい.

▶ $\begin{cases} 判別式\ D>0, \\ グラフの軸の\ x\ 座標<0, \\ x=0\ のときの値\ >0 \end{cases}$

---

99 2次方程式 $x^2+3x+a=0$ が正の解と負の解を1つずつもつように, 定数 a の値の範囲を定めなさい.

方針 グラフと y 軸との交点を調べる.

▶ $x=0$ のときの値 <0

---

100 2次方程式 $x^2-ax+12=0$ が $2<x<3$ の範囲に重解ではない解を1つだけもつように, 定数 a の値の範囲を定めなさい.

方針 グラフと x 軸とが $2<x<3$ にただ1つの交点をもつ.

▶ $f(x)=x^2-ax+12$ とおくと

$\begin{cases} f(2)>0 \\ f(3)<0 \end{cases}$ または $\begin{cases} f(2)<0 \\ f(3)>0 \end{cases}$

これは, $f(2)\cdot f(3)<0$ とまとめることができる.

97 求める条件は $\begin{cases} \dfrac{D}{4}=(-3)^2-1\cdot a>0 \\ -\dfrac{-6}{2\cdot 1}>0 \\ 0^2-6\cdot 0+a>0 \end{cases}$

よって，$a<9$，$3>0$，$a>0$
ゆえに，**$0<a<9$**

---

98 求める条件は $\begin{cases} \dfrac{D}{4}=4^2-1\cdot a>0 \\ -\dfrac{8}{2\cdot 1}<0 \\ 0^2+8\cdot 0+a>0 \end{cases}$

よって，$a<16$，$-4<0$，$a>0$
ゆえに，**$0<a<16$**

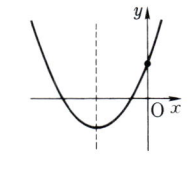

---

99 求める条件は $0^2+3\cdot 0+a<0$
ゆえに，**$a<0$**

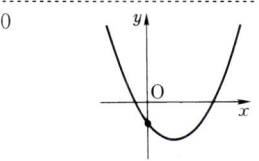

---

100 $f(x)=x^2-ax+12$ とおくと，
求める条件は
$$f(2)\cdot f(3)<0$$
$$(4-2a+12)(9-3a+12)<0$$
$$(-2a+16)(-3a+21)<0$$
$$(a-8)(a-7)<0$$

ゆえに，**$7<a<8$**

26 三角比の基本

101 右の三角形において,次の値を求めなさい.
(1) BC
(2) $\sin A$, $\cos A$, $\tan A$
(3) $\sin B$, $\cos B$, $\tan B$

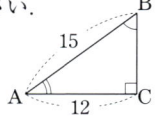

方針 BC の長さを求め,定義に従って計算する.

---

102 空欄にあてはまる数値を答えなさい.

θ	$0°$	$30°$	$45°$	$60°$	$90°$	$120°$	$135°$	$150°$	$180°$
$\sin\theta$									
$\cos\theta$									
$\tan\theta$									

方針 図をかいて,定義に従って求める.

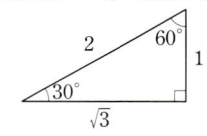

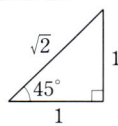

---

103 右の図において,次の値を a と θ を用いて表しなさい.
(1) AB
(2) AD
(3) CD

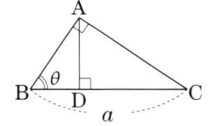

---

104 空欄にあてはまる式を入れ,公式を完成しなさい.

(1) $\sin^2\theta + \boxed{} = 1$, $\tan\theta = \dfrac{\boxed{}}{\boxed{}}$, $1 + \tan^2\theta = \dfrac{1}{\boxed{}}$

(2) $\begin{cases} \sin(90°-\theta) = \boxed{} \\ \cos(90°-\theta) = \boxed{} \\ \tan(90°-\theta) = \dfrac{1}{\boxed{}} \end{cases}$

(3) $\begin{cases} \sin(180°-\theta) = \boxed{} \\ \cos(180°-\theta) = \boxed{} \\ \tan(180°-\theta) = \boxed{} \end{cases}$

▶ $(\sin\theta)^2$ を $\sin^2\theta$ と書く.$\cos^2\theta$, $\tan^2\theta$ も同様.

ANSWER

101
(1) BC $=\sqrt{15^2-12^2}=\sqrt{81}=$ **9**
(2) $\sin A=\dfrac{9}{15}=\dfrac{3}{5}$, $\cos A=\dfrac{12}{15}=\dfrac{4}{5}$, $\tan A=\dfrac{9}{12}=\dfrac{3}{4}$
(3) $\sin B=\dfrac{12}{15}=\dfrac{4}{5}$, $\cos B=\dfrac{9}{15}=\dfrac{3}{5}$, $\tan B=\dfrac{12}{9}=\dfrac{4}{3}$

102

θ	0°	30°	45°	60°	90°	120°	135°	150°	180°
$\sin\theta$	0	$\dfrac{1}{2}$	$\dfrac{1}{\sqrt{2}}$	$\dfrac{\sqrt{3}}{2}$	1	$\dfrac{\sqrt{3}}{2}$	$\dfrac{1}{\sqrt{2}}$	$\dfrac{1}{2}$	0
$\cos\theta$	1	$\dfrac{\sqrt{3}}{2}$	$\dfrac{1}{\sqrt{2}}$	$\dfrac{1}{2}$	0	$-\dfrac{1}{2}$	$-\dfrac{1}{\sqrt{2}}$	$-\dfrac{\sqrt{3}}{2}$	-1
$\tan\theta$	0	$\dfrac{1}{\sqrt{3}}$	1	$\sqrt{3}$	/	$-\sqrt{3}$	-1	$-\dfrac{1}{\sqrt{3}}$	0

103
(1) AB $=$ BC $\cos\theta=$ ***a* cos*θ***
(2) AD $=$ AB $\sin\theta=a\cos\theta\cdot\sin\theta=$ ***a* sin*θ* cos*θ***
(3) $\angle$CAD $=\theta$ であるから
CD $=$ CA $\sin\theta=$ BC $\sin\theta\cdot\sin\theta=$ ***a* sin²*θ***

104
(1) $\sin^2\theta+\cos^2\theta=1$, $\tan\theta=\dfrac{\sin\theta}{\cos\theta}$, $1+\tan^2\theta=\dfrac{1}{\cos^2\theta}$
(2) $\begin{cases}\sin(90°-\theta)=\cos\theta\\\cos(90°-\theta)=\sin\theta\\\tan(90°-\theta)=\dfrac{1}{\tan\theta}\end{cases}$
(3) $\begin{cases}\sin(180°-\theta)=\sin\theta\\\cos(180°-\theta)=-\cos\theta\\\tan(180°-\theta)=-\tan\theta\end{cases}$

27 三角比の相互関係

105 次の値を求めなさい.
(1) $0° \leq \theta \leq 180°$, $\cos \theta = \dfrac{2}{3}$ のときの $\sin \theta$, $\tan \theta$

(2) $90° \leq \theta \leq 180°$, $\sin \theta = \dfrac{3}{4}$ のときの $\cos \theta$, $\tan \theta$

方針 $\sin^2\theta + \cos^2\theta = 1$ の利用.

▶ $\tan \theta = \dfrac{\sin \theta}{\cos \theta}$, $1 + \tan^2 \theta = \dfrac{1}{\cos^2 \theta}$

▶ θ の変域に応じて, $\sin \theta$, $\cos \theta$ の符号にも注意.

---

106 次の値を小さい順に並べなさい.
$$\cos 10°,\ \sin 40°,\ \cos 40°,\ \sin 110°$$

方針 sin のみ, または cos のみで表して比較する.

▶ $\cos \theta = \sin(90° - \theta)$
$\sin \theta = \sin(180° - \theta)$ などを利用.

---

107 $0° \leq \theta \leq 180°$ のとき, 次の方程式を解きなさい.
$$4\cos^2 \theta = 3$$

方針 まず, $\cos \theta$ の値を決定する.

---

108 $0° \leq \theta \leq 180°$ のとき, 次の不等式を解きなさい.
$$2\cos^2 \theta > \sin \theta + 1$$

方針 $\sin \theta$ のみの不等式に変形する.

▶ $\sin \theta$ の 2 次不等式を解き, $\sin \theta$ の範囲を決定.

27 三角比の相互関係

ANSWER

105
(1) $\sin\theta = \sqrt{1-\left(\dfrac{2}{3}\right)^2} = \dfrac{\sqrt{5}}{3}$

$\tan\theta = \dfrac{\sqrt{5}}{3} \div \dfrac{2}{3} = \dfrac{\sqrt{5}}{2}$

(2) $\cos\theta = -\sqrt{1-\left(\dfrac{3}{4}\right)^2} = -\dfrac{\sqrt{7}}{4}$

$\tan\theta = \dfrac{3}{4} \div \left(-\dfrac{\sqrt{7}}{4}\right) = -\dfrac{3}{\sqrt{7}}$

106
$\cos 10° = \sin 80°$, $\cos 40° = \sin 50°$, $\sin 110° = \sin 70°$
$\sin 40° < \sin 50° < \sin 70° < \sin 80°$ より
$\sin 40° < \cos 40° < \sin 110° < \cos 10°$

107
$4\cos^2\theta = 3$ より $\cos^2\theta = \dfrac{3}{4}$

よって, $\cos\theta = \pm\dfrac{\sqrt{3}}{2}$

$\cos\theta = \dfrac{\sqrt{3}}{2}$ より $\theta = 30°$

$\cos\theta = -\dfrac{\sqrt{3}}{2}$ より $\theta = 150°$

ゆえに, **$\theta = 30°,\ 150°$**

108
$2\cos^2\theta > \sin\theta + 1$ より
$2(1-\sin^2\theta) > \sin\theta + 1$
$2\sin^2\theta + \sin\theta - 1 < 0$
$(\sin\theta + 1)(2\sin\theta - 1) < 0$
$-1 < \sin\theta < \dfrac{1}{2}$

ゆえに, **$0° \leqq \theta < 30°,\ 150° < \theta \leqq 180°$**

28 三角比のいろいろな問題

109 $\sin\theta+\cos\theta=\dfrac{1}{2}$ のとき，次の値を求めなさい．

(1) $\sin\theta\cos\theta$
(2) $(\sin\theta-\cos\theta)^2$

方針 与式の両辺を平方して変形する．
▶ $\sin^2\theta+\cos^2\theta=1$ を利用する．
▶ (2)は(1)の結果を利用する．

---

110 $0°\leqq\theta\leqq 180°$，$\sin\theta+\cos\theta=1$ のとき，$\sin\theta$，$\cos\theta$，θ を求めなさい．

方針 $\sin^2\theta+\cos^2\theta=1$ と連立させる．
▶ $\sin\theta$ または $\cos\theta$ を消去する．

---

111 $0°\leqq\theta\leqq 180°$ のとき，$\cos\theta+\sin^2\theta$ の最大値および最小値を求めなさい．

方針 $\cos\theta$ の2次式になおす．
▶ $\cos\theta$ の2次関数として，平方完成する．
▶ $-1\leqq\cos\theta\leqq 1$ に注意．

---

112 次の2直線のなす角 θ を求めなさい．
$$y=\sqrt{3}x,\ y=x+1$$

方針 直線の傾きを tan で表す．

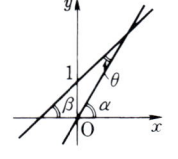

109
(1) 条件式の両辺を平方して，$(\sin\theta+\cos\theta)^2=\dfrac{1}{4}$

$\sin^2\theta+2\sin\theta\cos\theta+\cos^2\theta=\dfrac{1}{4}$, $2\sin\theta\cos\theta=-\dfrac{3}{4}$

よって，$\sin\theta\cos\theta=-\dfrac{3}{8}$

(2) $(\sin\theta-\cos\theta)^2=\sin^2\theta-2\sin\theta\cos\theta+\cos^2\theta$
$=(\sin^2\theta+\cos^2\theta)-2\sin\theta\cos\theta$
$=1-2\times\left(-\dfrac{3}{8}\right)=\dfrac{7}{4}$

110
$\sin\theta+\cos\theta=1$ より $\sin\theta=1-\cos\theta$
$\sin^2\theta+\cos^2\theta=1$ に代入して，$(1-\cos\theta)^2+\cos^2\theta=1$
$2\cos^2\theta-2\cos\theta=0$ よって，$\cos\theta=1, 0$
$\cos\theta=\mathbf{1}$ のとき，$\theta=\mathbf{0°}$, $\sin\theta=\mathbf{0}$
$\cos\theta=\mathbf{0}$ のとき，$\theta=\mathbf{90°}$, $\sin\theta=\mathbf{1}$

111
$\sin^2\theta+\cos^2\theta=1$ より $\sin^2\theta=1-\cos^2\theta$
$\cos\theta+\sin^2\theta=\cos\theta+(1-\cos^2\theta)$
$=-\cos^2\theta+\cos\theta+1$
$=-\left(\cos\theta-\dfrac{1}{2}\right)^2+\dfrac{5}{4}$

$0°\leqq\theta\leqq 180°$ より $-1\leqq\cos\theta\leqq 1$ に注意して

最大値 $\dfrac{\mathbf{5}}{\mathbf{4}}$ $\left(\cos\theta=\dfrac{1}{2}, \theta=60° \text{のとき}\right)$

最小値 $\mathbf{-1}$ $(\cos\theta=-1, \theta=180° \text{のとき})$

112
直線 $y=\sqrt{3}x$ と x 軸のなす角を α，直線 $y=x+1$ と x 軸のなす角を β とすると，

$\tan\alpha=\sqrt{3}$ より $\alpha=60°$, $\tan\beta=1$ より $\beta=45°$

よって，$\theta=\alpha-\beta=60°-45°=\mathbf{15°}$

29 正弦定理・余弦定理

113 右の図で,aを求めなさい.

方針 ∠B を求めて,正弦定理を利用する.

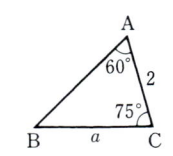

正弦定理
$$\frac{a}{\sin A}=\frac{b}{\sin B}=\frac{c}{\sin C}=2R$$

114 半径 $2\sqrt{3}$ の円に内接する右の図のような三角形 ABC において,角 A および b を求めなさい.

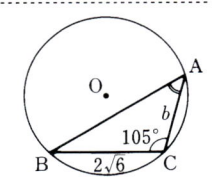

115 右の図で,aを求めなさい.

方針 余弦定理を利用する.

余弦定理
$$a^2=b^2+c^2-2bc\cos A$$

116 右の図で,角 C を求めなさい.

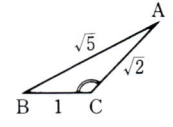

方針 余弦定理を変形して利用する.

$$\cos C=\frac{a^2+b^2-c^2}{2ab}$$

29 正弦定理・余弦定理

ANSWER

113

$\angle B = 180° - (60° + 75°) = 45°$
正弦定理より
$$\frac{a}{\sin 60°} = \frac{2}{\sin 45°}$$
よって，$a = \dfrac{2}{\sin 45°} \times \sin 60° = 2\sqrt{2} \times \dfrac{\sqrt{3}}{2} = \sqrt{6}$

114

正弦定理より
$$\frac{2\sqrt{6}}{\sin A} = \frac{b}{\sin B} = 2 \times 2\sqrt{3}$$
よって，$\sin A = \dfrac{1}{\sqrt{2}}$ より $A = 45°, 135°$
$C = 105°$ であるから，$A = \mathbf{45°}$
したがって，$B = 180° - (45° + 105°) = 30°$
ゆえに，$b = 4\sqrt{3} \times \sin 30° = \mathbf{2\sqrt{3}}$

115

余弦定理より
$$a^2 = (3\sqrt{3})^2 + 6^2 - 2 \cdot 3\sqrt{3} \cdot 6 \cdot \cos 30°$$
$$= 27 + 36 - 54 = 9$$
$a > 0$ より
$$a = \mathbf{3}$$

116

余弦定理より
$$\cos C = \frac{1^2 + (\sqrt{2})^2 - (\sqrt{5})^2}{2 \cdot 1 \cdot \sqrt{2}} = \frac{-2}{2\sqrt{2}} = -\frac{1}{\sqrt{2}}$$
ゆえに，$C = \mathbf{135°}$

30 三角形の形状

117 三角形 ABC において，$\angle B = 45°$，$AB = 1+\sqrt{3}$，$AC = 2$ のとき，BC を求めなさい．

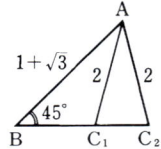

方針 余弦定理の利用を考える．
▶ BC の長さが 2 通り考えられることに注意．

118 3 辺の長さの比が $7:5:3$ である三角形の最大角の大きさを求めなさい．

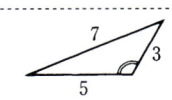

方針 3 辺を $7k$, $5k$, $3k$ とおく．
▶ 余弦定理が適用できる．

119 三角形 ABC において，
$$a \sin A = b \sin B$$
が成り立つとき，この三角形はどのような形の三角形か答えなさい．

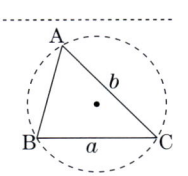

方針 $\sin A$, $\sin B$ が含まれているので，正弦定理の利用を考える．

120 三角形 ABC において，
$$a = c \cos B$$
が成り立つとき，この三角形はどのような形の三角形か答えなさい．

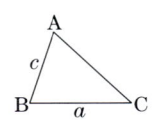

方針 $\cos B$ が含まれているので，余弦定理の利用を考える．

30 三角形の形状

ANSWER

117 BC$=a$ とおくと,余弦定理より
$$2^2=(1+\sqrt{3})^2+a^2-2\cdot(1+\sqrt{3})\cdot a\cdot\cos 45°$$
$$a^2-(\sqrt{2}+\sqrt{6})a+2\sqrt{3}=0$$
$$(a-\sqrt{2})(a-\sqrt{6})=0$$
$$a=\boldsymbol{\sqrt{2},\ \sqrt{6}}$$
これらはいずれも,条件を満たす.

118 3辺を $7k$, $5k$, $3k$ とおくと,$7k$ に向かいあう角が最大角である.それを θ とおくと,余弦定理より
$$\cos\theta=\frac{(5k)^2+(3k)^2-(7k)^2}{2\cdot 5k\cdot 3k}=\frac{-15k^2}{30k^2}=-\frac{1}{2}$$
ゆえに,$\theta=\boldsymbol{120°}$

119 三角形 ABC の外接円の半径を R とすると,正弦定理より
$$\sin A=\frac{a}{2R},\ \sin B=\frac{b}{2R}$$
与式に代入して $\quad a\times\dfrac{a}{2R}=b\times\dfrac{b}{2R}$
よって,$a^2=b^2$ より $a=b$
ゆえに,三角形 ABC は **BC＝CA の二等辺三角形**である.

120 余弦定理より
$$a=c\times\frac{c^2+a^2-b^2}{2ca}$$
$$2a^2=c^2+a^2-b^2$$
$$a^2+b^2=c^2$$
ゆえに,三角形 ABC は c が斜辺,すなわち
$\angle\boldsymbol{C=90°}$ の直角三角形である.

31 三角形の面積

121 右の三角形 ABC の面積 S を求めなさい.

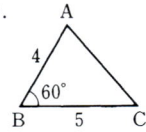

$$S = \frac{1}{2}ab\sin\theta$$

122 右の三角形 ABC の面積 S を求めなさい.
ただし, $\sin 15° = \dfrac{\sqrt{6}-\sqrt{2}}{4}$ である.

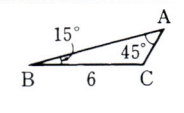

方針 AB または AC の長さを求める.

123 右の三角形 ABC の面積 S を求めなさい.

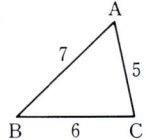

方針 まず, $\cos A$ を求める.

▶ さらに, $\sin A$ を求めてから面積公式を利用する.

124 ヘロンの公式を利用して, 右の三角形 ABC の面積 S を求めなさい. また, 内接円の半径を求めなさい.

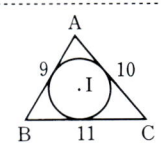

ヘロンの公式
$$S = \sqrt{s(s-a)(s-b)(s-c)}$$
ただし, $s = \dfrac{a+b+c}{2}$

31 三角形の面積

121 $S = \dfrac{1}{2} \cdot 4 \cdot 5 \cdot \sin 60° = \mathbf{5\sqrt{3}}$

122 $C = 180° - (45° + 15°) = 120°$
正弦定理より
$$\dfrac{AB}{\sin 120°} = \dfrac{6}{\sin 45°}$$
$$AB = 6\sqrt{2} \times \dfrac{\sqrt{3}}{2} = 3\sqrt{6}$$
よって,$S = \dfrac{1}{2} \cdot 3\sqrt{6} \cdot 6 \cdot \dfrac{\sqrt{6}-\sqrt{2}}{4} = \mathbf{\dfrac{9(3-\sqrt{3})}{2}}$

123 余弦定理より
$$\cos A = \dfrac{5^2 + 7^2 - 6^2}{2 \cdot 5 \cdot 7} = \dfrac{19}{35}$$
よって,$\sin A = \sqrt{1 - \left(\dfrac{19}{35}\right)^2} = \dfrac{12\sqrt{6}}{35}$
ゆえに,
$$S = \dfrac{1}{2} \cdot 5 \cdot 7 \cdot \dfrac{12\sqrt{6}}{35} = \mathbf{6\sqrt{6}}$$

124 $s = \dfrac{11+10+9}{2} = 15$ より
$$S = \sqrt{15 \cdot (15-11) \cdot (15-10) \cdot (15-9)}$$
$$= \sqrt{15 \cdot 4 \cdot 5 \cdot 6}$$
$$= \mathbf{30\sqrt{2}}$$
また,内接円の半径を r とすると
△ABC = △IBC + △ICA + △IAB より
$$S = \dfrac{1}{2}r(11+10+9) = 30\sqrt{2}$$
ゆえに,$r = \mathbf{2\sqrt{2}}$

32 空間図形の計量

125 右の直方体で，対角線 AG の長さを求めなさい．

方針 直角三角形において，三平方の定理を適用する．

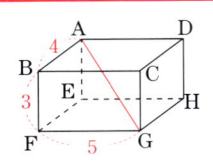

---

126 右の三角錐 OABC において，$\angle AOB = \angle BOC = \angle COA = 90°$ である．
(1) △ABC の面積を求めなさい．
(2) O から △ABC に引いた垂線 OH の長さ h を求めなさい．

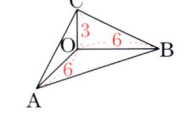

方針 三角錐の体積を利用して OH の長さを求める．

▶ 三角錐の体積 $= \dfrac{1}{3} \times \triangle ABC \times OH$

---

127 右のような 1 辺の長さが 1 の正四面体 ABCD の高さ AH を求めなさい．

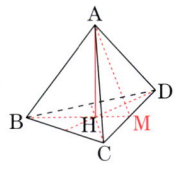

方針 辺 CD の中点を M とし，断面 ABM において直角三角形をつくり，三平方の定理を用いる．

▶ 頂点 A から底面 BCD に垂線 AH を引くと，H は △BCD の重心である．

---

128 1 辺の長さが 1 の正四面体に内接する球の半径 r および外接する球の半径 R を求めなさい．

方針 問題 127 の垂線 AH を利用する．

▶ $R + r = AH$, $R : r = 3 : 1$

A N S W E R

125 AとFを結ぶと，∠AFG＝90°であるから
$$AG = \sqrt{AF^2 + FG^2} = \sqrt{AB^2 + BF^2 + FG^2}$$
$$= \sqrt{4^2 + 3^2 + 5^2} = \mathbf{5\sqrt{2}}$$

126 (1) $AB = 6\sqrt{2}$, $AC = BC = 3\sqrt{5}$
辺ABの中点をMとすると，CM⊥ABで
$$CM = \sqrt{(3\sqrt{5})^2 - (3\sqrt{2})^2} = 3\sqrt{3}$$
ゆえに，$\triangle ABC = \dfrac{1}{2} \cdot 6\sqrt{2} \cdot 3\sqrt{3} = \mathbf{9\sqrt{6}}$

(2) 三角錐の体積を V とすると，
$$V = \dfrac{1}{3} \cdot \triangle ABC \cdot h \quad \text{より} \quad h = \dfrac{3V}{\triangle ABC}$$
また，$V = \dfrac{1}{3} \cdot \triangle OAB \cdot OC = \dfrac{1}{3} \cdot 18 \cdot 3 = 18$
ゆえに，$h = \dfrac{3 \cdot 18}{9\sqrt{6}} = \mathbf{\sqrt{6}}$

127 Aから底面BCDに垂線AHを引くと，Hは△BCDの
重心で，$BH = \dfrac{2}{3} \cdot BM = \dfrac{2}{3} \cdot \dfrac{\sqrt{3}}{2} = \dfrac{\sqrt{3}}{3}$
よって，△ABHにおいて三平方の定理より
$$AH = \sqrt{AB^2 - BH^2} = \sqrt{1^2 - \left(\dfrac{\sqrt{3}}{3}\right)^2} = \sqrt{\dfrac{2}{3}} = \mathbf{\dfrac{\sqrt{6}}{3}}$$

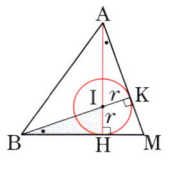

128 問題127の断面ABMは右図のようになる．
△BHI∽△AHMであるから
$$BH : AH = HI : HM$$
$$\dfrac{\sqrt{3}}{3} : \dfrac{\sqrt{6}}{3} = r : \dfrac{\sqrt{3}}{6}$$
ゆえに $r = \mathbf{\dfrac{\sqrt{6}}{12}}$
また，$R = IA = AH - r = \mathbf{\dfrac{\sqrt{6}}{4}}$

33 データの整理と代表値

129 次の〔データ1〕は，10人の生徒が15点満点のテストを受けたときの点数である．

〔データ1〕 9，14，6，10，12，
10，8，12，10，7

〔データ1〕の度数分布表を完成させなさい．

点　　数 以上～未満	階級値 （点）	度　数	相対度数
5～7			
7～9	8	2	0.2
9～11			
11～13			
13～15			
計	＊＊	10	1.0

130 〔データ1〕のヒストグラムを完成させなさい．
さらに，〔データ1〕の度数分布多角形をかきなさい．

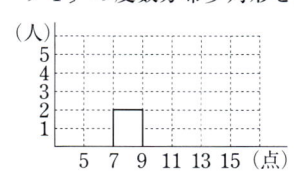

131 〔データ1〕の度数分布表をもとにして，〔データ1〕の平均値およびモードを求めなさい．

132 〔データ1〕の10個の値を小さい順に並べると次のようになる．［ア］，［イ］，［ウ］，［エ］にあてはまる数値を答えなさい．
また，〔データ1〕のメジアンを求めなさい．
6，7，8，［ア］，［イ］，［ウ］，［エ］，12，12，14

ANSWER

129

点　　数 以上〜未満	階級値 （点）	度　数	相対度数
5〜7	**6**	**1**	**0.1**
7〜9	8	2	0.2
9〜11	**10**	**4**	**0.4**
11〜13	**12**	**2**	**0.2**
13〜15	**14**	**1**	**0.1**
計	**	10	1.0

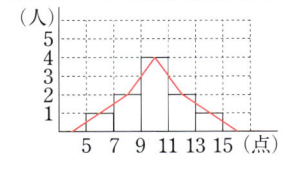

130

131

$(6×1+8×2+10×4+12×2+14×1)÷10$
$=100÷10=10$

ゆえに，平均値は **10点** である．
また，　モードは **10点** である．

（注意） もとの〔データ1〕から直接平均値を計算すると，

$(9+14+6+10+12+10+8+12+10+7)÷10$
$=98÷10=9.8$

となり，上の解答の値とは異なる．ただし，データの大きさが十分大きければ，その差は極めて小さい．

なお，データの平均値は，値×相対度数の総和　であると見ることもできる．

132

ア **9**　イ **10**　ウ **10**　エ **10**

すなわち，〔データ1〕の10個の値を小さい順に並べると次のようになる．

6,　7,　8,　9,　<u>10,　10,</u>　10,　12,　12,　14

データの個数が10個であるから，小さい方から5番目の値10と6番目の値10との平均値を計算して，

$(10+10)÷2=10$

すなわち，〔データ1〕のメジアンは **10点** である．

34 箱ひげ図と四分位偏差

133 次のデータの最大値,最小値,第1四分位数,第2四分位数,第3四分位数をそれぞれ求めなさい.
〔データ2〕1, 2, 3, 4, 5, 6, 7, 8, 9, 10, 11
〔データ3〕1, 2, 3, 4, 5, 6, 7, 8, 9, 10
〔データ4〕1, 2, 3, 4, 5, 6, 7, 8, 9, 10, 11, 12, 13
〔データ5〕1, 2, 3, 4, 5, 6, 6, 7, 7, 7, 8, 8

134 次の左図は,問題 **133** の〔データ2〕の箱ひげ図である.〔データ3〕,〔データ5〕の箱ひげ図をかきなさい.

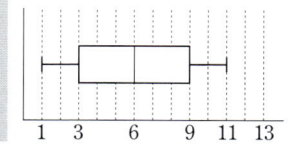

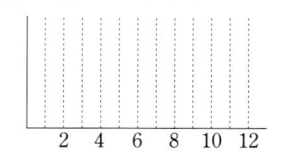

135 〔データ2〕の範囲は 10,四分位範囲は 6,四分位偏差は 3 である.〔データ3〕,〔データ5〕の範囲,四分位範囲,四分位偏差を求めなさい.

136 右の図は,A組40人の生徒とB組36人の生徒の身長のデータの箱ひげ図である.A組の生徒の身長について,最大値,最小値,第1四分位数,第2四分位数,第3四分位数をそれぞれ求めなさい.また,次の(1),(2),(3)について,正しいものには◎を,正しくないものには × をつけなさい.

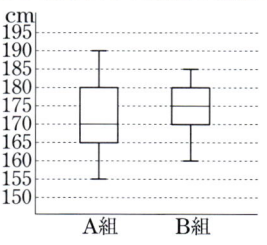

(1) A組の生徒の身長の中央値は,B組の生徒の身長の中央値よりも低い.
(2) A組の生徒で身長が175cm以上の者は10人以下である.
(3) A組の生徒の身長の四分位偏差は,B組の生徒の身長の四分位偏差よりも大きい.

34 箱ひげ図と四分位偏差

ANSWER

133

	最大値	最小値	第1四分位数	第2四分位数	第3四分位数
〔データ2〕	11	1	3	6	9
〔データ3〕	10	1	3	5.5	8
〔データ4〕	13	1	3.5	7	10.5
〔データ5〕	8	1	3.5	6	7

134

(注意) データの平均値がわかっていれば，箱ひげ図に平均値の位置を記入することもある．

135

	範囲	四分位範囲	四分位偏差
データ2	10	6	3
データ3	9	5	2.5
データ5	7	3.5	1.75

136

	最大値	最小値	第1四分位数	第2四分位数	第3四分位数	
A組	190	155	165	170	180	(cm)

(1) ◎   (2) ×   (3) ◎

35 分散と標準偏差

137 次の〔データ6〕の平均値を求めなさい．
また，〔データ6〕の分散，標準偏差を求めなさい．
ただし，標準偏差は，四捨五入して小数第2位まで求めなさい．

〔データ6〕　3, 4, 5, 6, 7

138 20人の数学の実力テストの結果をまとめると，次の表のようになった．この表を完成させ，このデータの平均値を求めなさい．

得　　点 以上～未満	階級値 x （点）	度数 f	xf	$x-\bar{x}$	$(x-\bar{x})^2 f$
85～95	90	3		10	400
75～85	80	4	320		
65～75	70	7			
55～65	60	3			
45～55	50	2			
35～45	40	1			
計	＊＊	20	1400	＊＊	3600

139 問題138のデータの分散，標準偏差を上の表を利用して求めなさい．
ただし，標準偏差は，四捨五入して小数第1位まで求めなさい．

140 問題138のデータの分散を，次の表を完成させて求めなさい．

得　　点 以上～未満	階級値 x （点）	度数 f	xf	$x^2 f$
85～95	90	3		24300
75～85	80	4	320	25600
65～75	70	7		
55～65	60	3		
45～55	50	2		
35～45	40	1		
計	＊＊	20	1400	101600

35 分散と標準偏差

ANSWER

137 平均値は，$m=(3+4+5+6+7)\div 5=25\div 5=$ **5**
分散は，$s^2=\{(3-5)^2+(4-5)^2+(5-5)^2+(6-5)^2+(7-5)^2\}\div 5$
$=10\div 5=$ **2**
標準偏差は，$s=\sqrt{2}=1.414\cdots\fallingdotseq$ **1.41**

138

得　　点 以上～未満	階級値 x （点）	度数 f	xf	$x-\bar{x}$	$(x-\bar{x})^2 f$
85～95	90	3	**270**	**20**	**1200**
75～85	80	4	320	10	400
65～75	70	7	**490**	**0**	**0**
55～65	60	3	180	－10	300
45～55	50	2	**100**	－20	**800**
35～45	40	1	**40**	－30	**900**
計	＊＊	20	1400	＊＊	3600

よって，平均値は，$m=1400\div 20=$ **70**（点）

139 問題 **138** の表を利用すると，
分散は，$s^2=3600\div 20=$ **180**
標準偏差は，$s=\sqrt{180}=6\sqrt{5}$
$=13.41\cdots\fallingdotseq$ **13.4**（点）

140

得　　点 以上～未満	階級値 x （点）	度数 f	xf	$x^2 f$
85～95	90	3	**270**	24300
75～85	80	4	320	25600
65～75	70	7	**490**	**34300**
55～65	60	3	**180**	**10800**
45～55	50	2	**100**	**5000**
35～45	40	1	**40**	**1600**
計	＊＊	20	1400	101600

よって，分散は，$s^2=101600\div 20-70^2$
$=5080-4900=$ **180**

36 散布図と相関係数

141 2つの変量 x, y について次のような散布図がある.

〔1〕　　　　〔2〕　　　　〔3〕

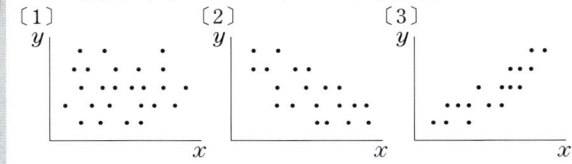

(1) 正の相関がみられるのはどれか.
(2) 負の相関がみられるのはどれか.
(3) 相関がほとんどみられないのはどれか.

142 問題 141 の〔1〕〜〔3〕のうち, 相関係数が次の値に最も近い散布図はどれか答えなさい.
(1) $r=0.7$　　　(2) $r=-0.3$

143 2つの変量 x, y がある.
x の標準偏差 s_x, y の標準偏差 s_y, および x, y の共分散 s_{xy} が次のようにわかっているとき, x, y の相関係数 r を求めなさい.
$$s_x=4,\ s_y=5,\ s_{xy}=6$$

144 数学と国語の小テストをA, B, C, D, Eの5人が受けた. 次の表を完成させ, 数学の得点と国語の得点の相関係数を求めなさい.
ただし, 相関係数は, 四捨五入して小数第2位まで求めなさい.

	数学 x	国語 y	$x-\bar{x}$	$(x-\bar{x})^2$	$y-\bar{y}$	$(y-\bar{y})^2$	$(x-\bar{x})(y-\bar{y})$
A	8	7	0				
B	8	8	0				
C	9	9	1	1	2	4	2
D	7	6	-1				
E	8	5	0				
計	40	35	*		*		

36 散布図と相関係数

ANSWER

141
(1) 〔3〕
(2) 〔2〕
(3) 〔1〕

142
(1) 〔3〕
(2) 〔2〕

143 $r=\dfrac{s_{xy}}{s_x \times s_y}=\dfrac{6}{4\times 5}=\mathbf{0.3}$

144

	数学 x	国語 y	$x-\bar{x}$	$(x-\bar{x})^2$	$y-\bar{y}$	$(y-\bar{y})^2$	$(x-\bar{x})(y-\bar{y})$
A	8	7	0	**0**	**0**	**0**	**0**
B	8	8	0	**0**	**1**	**1**	**0**
C	9	9	1	1	2	4	2
D	7	6	−1	**1**	**−1**	**1**	**1**
E	8	5	0	**0**	**−2**	**4**	**0**
計	40	35	∗	**2**	∗	**10**	**3**

ゆえに,

$$r=\dfrac{3}{\sqrt{2}\cdot\sqrt{10}}=\dfrac{3\sqrt{5}}{10}=0.6708\cdots$$

四捨五入して小数第2位まで求めると,

$$r=\mathbf{0.67}$$

(注意) データの大きさを n とし, $(x-\bar{x})^2$, $(y-\bar{y})^2$, $(x-\bar{x})(y-\bar{y})$ の総和をそれぞれ X, Y, Z とすると,

$$s_x=\sqrt{\dfrac{X}{n}},\ s_y=\sqrt{\dfrac{Y}{n}},\ s_{xy}=\dfrac{Z}{n}$$

であるから,

$$r=\dfrac{s_{xy}}{s_x s_y}=\dfrac{\dfrac{Z}{n}}{\sqrt{\dfrac{X}{n}}\cdot\sqrt{\dfrac{Y}{n}}}=\dfrac{Z}{\sqrt{X}\cdot\sqrt{Y}}$$

が成り立つ.

37 約数，倍数，素因数分解

145 A欄の自然数がB欄の倍数になっているかどうか，○，×を記入しなさい．

A \ B	2の倍数	3の倍数	4の倍数	5の倍数	6の倍数	9の倍数	11の倍数
156			○				×
495				○			
660					○		

方針 2の倍数：一の位が2の倍数
5の倍数：一の位が5の倍数
4の倍数：下2桁が4の倍数
3の倍数：各位の数の和が3の倍数
9の倍数：各位の数の和が9の倍数
11の倍数：3桁の数 abc が11の倍数
$\iff a-b+c$ が11の倍数

146 次の自然数を，素因数分解しなさい．
(1) 864　　(2) 1980　　(3) 2002

方針 素数 2, 3, 5, … で順に割る．

147 次の自然数の正の約数の個数を求めなさい．また，正の約数の総和を求めなさい．
(1) 64　　(2) 200　　(3) 600

方針 $N=2^a \cdot 3^b \cdot 5^c$ のとき
N の正の約数の個数は，$(1+a)(1+b)(1+c)$ 個
N の正の約数の総和は，
$(1+2+2^2+\cdots+2^a)(1+3+3^2+\cdots+3^b)(1+5+5^2+\cdots+5^c)$

148 次の式を満たす整数 a, b の組 (a, b) をすべて求めなさい．
(1) $ab+a+2b=3$　　(2) $ab+3a-5b=2$

方針 両辺に定数を加えて $(a+\bigcirc)(b+\diamondsuit)=\triangledown$
のような形に変形して考える．

37 約数, 倍数, 素因数分解

ANSWER

145

A\B	2の倍数	3の倍数	4の倍数	5の倍数	6の倍数	9の倍数	11の倍数
156	○	○	○	×	○	×	×
495	×	○	×	○	×	○	○
660	○	○	○	○	○	×	○

146
(1) $864 = \mathbf{2^5 \cdot 3^3}$
(2) $1980 = \mathbf{2^2 \cdot 3^2 \cdot 5 \cdot 11}$
(3) $2002 = \mathbf{2 \cdot 7 \cdot 11 \cdot 13}$

147
(1) $64 = 2^6$
 正の約数の個数は, $1+6=\mathbf{7}$ **個**
 正の約数の総和は, $1+2+2^2+2^3+2^4+2^5+2^6=\mathbf{127}$
(2) $200 = 2^3 \cdot 5^2$
 正の約数の個数は, $(1+3) \cdot (1+2) = \mathbf{12}$ **個**
 正の約数の総和は, $(1+2+2^2+2^3) \cdot (1+5+5^2) = \mathbf{465}$
(3) $600 = 2^3 \cdot 3 \cdot 5^2$
 正の約数の個数は, $(1+3) \cdot (1+1) \cdot (1+2) = \mathbf{24}$ **個**
 正の約数の総和は,
 $(1+2+2^2+2^3) \cdot (1+3) \cdot (1+5+5^2) = \mathbf{1860}$

148
(1) $ab + a + 2b = 3$
 $ab + a + 2b + 2 = 3 + 2$
 $(a+2)(b+1) = 5$
 よって, $(a+2, b+1) = (1, 5), (5, 1), (-1, -5), (-5, -1)$
 ゆえに, $(a, b) = \mathbf{(-1, 4), (3, 0), (-3, -6), (-7, -2)}$
(2) $ab + 3a - 5b = 2$
 $ab + 3a - 5b - 15 = 2 - 15$
 $(a-5)(b+3) = -13$
 よって,
 $(a-5, b+3) = (1, -13), (-13, 1), (-1, 13), (13, -1)$
 ゆえに,
 $(a, b) = \mathbf{(6, -16), (-8, -2), (4, 10), (18, -4)}$

38 最大公約数，最小公倍数

149 次の各組の整数の正の公約数を，小さい順にすべて答えなさい．
また，最小公倍数を求めなさい．
(1) 60, 84
(2) 350, 450, 500

方針 それぞれの整数を素因数分解して考える．
公約数は，最大公約数の約数である．

---

150 2つの有理数 $\dfrac{24}{245}$, $\dfrac{54}{175}$ がある．

(1) $\dfrac{24}{245} \times a$, $\dfrac{54}{175} \times a$ がともに整数になるような自然数 a のうち，最小のものを求めなさい．

(2) $\dfrac{24}{245} \times \dfrac{b}{c}$, $\dfrac{54}{175} \times \dfrac{b}{c}$ がともに整数になるような正の有理数 $\dfrac{b}{c}$ のうち，最小のものを求めなさい．

方針 与えられた有理数の分子，分母をそれぞれ素因数分解して考える．

---

151 最大公約数が 16，最小公倍数が 240 である 2 つの自然数を求めなさい．

方針 2つの整数 A, B の最大公約数を g とすると，
$$A = ga, \quad B = gb \quad (a, b \text{ は互いに素})$$
と表すことができる．
このとき，A, B の最小公倍数を l とすると，
$$l = gab$$
が成り立つ．

---

152 次の条件を満たす 2 つの自然数を求めなさい．
積が 300，最小公倍数が 60

ANSWER

149
(1) $60 = 2^2 \cdot 3 \cdot 5 \qquad 84 = 2^2 \cdot 3 \cdot 7$
60 と 84 の最大公約数は, $2^2 \cdot 3 = 12$ であるから,
60 と 84 の正の公約数は, **1, 2, 3, 4, 6, 12**
60 と 84 の最小公倍数は, $2^2 \cdot 3 \cdot 5 \cdot 7 =$ **420**

(2) $350 = 2 \cdot 5^2 \cdot 7 \qquad 450 = 2 \cdot 3^2 \cdot 5^2 \qquad 500 = 2^2 \cdot 5^3$
350, 450, 500 の最大公約数は, $2 \cdot 5^2 = 50$ であるから,
350, 450, 500 の正の公約数は, **1, 2, 5, 10, 25, 50**
350, 450, 500 の最小公倍数は, $2^2 \cdot 3^2 \cdot 5^3 \cdot 7 =$ **31500**

150
(1) a は 245 と 175 の最小公倍数である.
$245 = 5 \cdot 7^2 \qquad 175 = 5^2 \cdot 7$
であるから, $a = 5^2 \cdot 7^2 =$ **1225**

(2) b は 245 と 175 の最小公倍数であり,
c は 24 と 54 の最大公約数である.
よって, (1)より, $b = 1225$
また, $24 = 2^3 \cdot 3 \qquad 54 = 2 \cdot 3^3$ であるから, $c = 2 \cdot 3 = 6$
ゆえに $\dfrac{b}{c} = \dfrac{\mathbf{1225}}{\mathbf{6}}$

151
2つの自然数を, $16a$, $16b$ とおく.
ただし, a, b は互いに素で, $a < b$ とする.
このとき, 条件より $\quad 16ab = 240$
よって $\quad ab = 15$
したがって, $(a, b) = (1, 15), (3, 5)$
ゆえに, 2つの自然数は, **16 と 240 または 48 と 80**

152
2つの自然数の最大公約数を g とすると, 2つの自然数は ga, gb とおくことができる.
ただし, a, b は互いに素である自然数で, $a < b$ とする.
このとき, 条件より
$$ga \times gb = 300, \quad gab = 60$$
よって $\quad g = 5, \quad ab = 12$
したがって, $(a, b) = (1, 12), (3, 4)$
ゆえに, 2つの自然数は, **5 と 60 または 15 と 20**
(注意) $(a, b) = (2, 6)$ は不適である.

39 除法と余り

153 n を自然数とする．空欄にあてはまる数を答えなさい．
(1) n^2 を 2 で割った余りは，0, 1 の 2 通りである．
(2) n^2 を 3 で割った余りは，0, [ア] の 2 通りである．
(3) n^2 を 4 で割った余りは，0, [イ] の 2 通りである．
(4) n^2 を 5 で割った余りは，0, [ウ], [エ] の 3 通りである．ただし，ウ＜エ とする．

154 n を自然数とするとき，$n(n^2+3)$ は 2 の倍数になる．このことを，次のように証明した．空欄に偶数，奇数のうちふさわしいほうを入れなさい．
　n が偶数であるとき，明らかに $n(n^2+3)$ は 2 の倍数になる．
　n が奇数であるとき，n^2 も [ア] であるから，n^2+3 は [イ] になる．したがって，$n(n^2+3)$ も 2 の倍数になる．ゆえに，$n(n^2+3)$ は 2 の倍数になる．

155 n を自然数とするとき，$n(n+1)(2n+1)$ は 6 の倍数になる．このことを，次のように証明した．空欄にあてはまる数や式を答えなさい．
　$n(n+1)$ は連続する 2 個の自然数の積であるから，[ア] の倍数である．
　したがって，$n(n+1)(2n+1)$ も [ア] の倍数である．
　また，n, $n+1$, $2n+1$ のうち，n を 3 で割った余りが，
0 のときは，n が [イ] の倍数，
1 のときは，[ウ] が [イ] の倍数，
2 のときは，[エ] が [イ] の倍数となるので，結局 $n(n+1)(2n+1)$ も [イ] の倍数である．
　ここで，[ア] と [イ] は互いに素であるから，$n(n+1)(2n+1)$ は 6 の倍数である．

156 n を自然数とするとき，n^5-n は 30 の倍数になる．このことを，証明しなさい．

ANSWER

153
- [ア] **1**
- [イ] **1**
- [ウ] **1**
- [エ] **4**

154
- [ア] **奇数**
- [イ] **偶数**

(参考) $n(n^2+3) = (n-1)n(n+1) + 4n$
と変形して証明することもできる．

155
- [ア] **2**
- [イ] **3**
- [ウ] **$2n+1$**
- [エ] **$n+1$**

(参考) $n(n+1)(2n+1) = (n-1)n(n+1) + n(n+1)(n+2)$
と変形して証明することもできる．

156
$$n^5 - n = n(n^4 - 1)$$
$$= n(n^2-1)(n^2+1)$$
$$= (n-1)n(n+1)(n^2+1)$$

ここで，$(n-1)n(n+1)$ は連続する3個の自然数の積であるから，6の倍数である．
また，n が5の倍数であれば，$n(n^4-1)$ は5の倍数である．
n を5で割った余りが1または4のときは，n^2-1 は5の倍数である．
n を5で割った余りが2または3のときは，n^2+1 は5の倍数である．
結局，n^5-n は6の倍数であり，かつ5の倍数であって，6と5は互いに素であるから，n^5-n は，30の倍数である．

(参考) $n^5 - n = (n-2)(n-1)n(n+1)(n+2) + 5(n-1)n(n+1)$
と変形して証明することもできる．

40 ユークリッドの互除法と不定方程式

157 2つの自然数 31031, 23023 の最大公約数を, ユークリッドの互除法を利用して求める. 次の [ア] ~ [ク] にあてはまる数を答えなさい.

$31031 = 23023 \times [ア] + [イ]$
$23023 = [イ] \times [ウ] + [エ]$
$[イ] = [エ] \times [オ] + [カ]$
$[エ] = [カ] \times [キ]$

したがって, 31031, 23023 の最大公約数は [ク] である.

方針 余りの [イ], [エ], [カ] で割ることを繰り返す. 割り切れたとき, [カ] は [エ], [イ] の公約数であり, 式を逆にたどると, もとの 2 数の公約数になっている.

158 ユークリッドの互除法を利用して, 次の分数を約分しなさい.

(1) $\dfrac{4141}{4059}$ (2) $\dfrac{3885}{5565}$

方針 互除法を利用し, 分子と分母の最大公約数を見つける.

159 次の方程式を満たす整数 x, y の組 (x, y) をすべて求めなさい.

$$5x + 4y = 0$$

160 次の方程式を満たす整数 x, y の組 (x, y) をすべて求めなさい.

$$5x + 4y = 3$$

方針 特殊解を 1 組見つけて, それを利用して問題 159 に帰着する.

40 ユークリッドの互除法と不定方程式

ANSWER

157
[ア] **1** [イ] **8008** [ウ] **2**
[エ] **7007** [オ] **1** [カ] **1001**
[キ] **7** [ク] **1001**

(**参考**) $1001 = 7 \cdot 11 \cdot 13$
$31031 = 7 \cdot 11 \cdot 13 \cdot 31$
$23023 = 7 \cdot 11 \cdot 13 \cdot 23$

158
(1) $4141 = 4059 \times 1 + 82$
$4059 = 82 \times 49 + 41$
$82 = 41 \times 2$
ゆえに,
$\dfrac{4141}{4059} = \dfrac{41 \times 101}{41 \times 99} = \dfrac{\mathbf{101}}{\mathbf{99}}$

(2) $5565 = 3885 \times 1 + 1680$
$3885 = 1680 \times 2 + 525$
$1680 = 525 \times 3 + 105$
$525 = 105 \times 5$
ゆえに,
$\dfrac{3885}{5565} = \dfrac{105 \times 37}{105 \times 53} = \dfrac{\mathbf{37}}{\mathbf{53}}$

159
$5x + 4y = 0$
$5x = -4y$
右辺は4の倍数であるから, $5x$ も4の倍数である. 5と4は互いに素であるから,
  $x = 4t$ (t は整数)
と表すことができる.
代入して, $20t = -4y$, $y = -5t$
ゆえに, $(x, y) = (\mathbf{4t}, \ \mathbf{-5t})$

160
$5x + 4y = 3$
$5 \cdot (-1) + 4 \cdot 2 = 3$
辺々引いて $5(x+1) + 4(y-2) = 0$
よって, 問題 **159** より
  $x+1 = 4t$, $y-2 = -5t$ (t は整数)
と表すことができる.
ゆえに,
  $(x, y) = (\mathbf{4t-1}, \ \mathbf{-5t+2})$

41 記数法

161 次のように 2 進法, 3 進法, 5 進法で表された数を 10 進法で表しなさい.
(1) $10110_{(2)}$ (2) $12102_{(3)}$ (3) $12034_{(5)}$

方針 (1) 1 0 1 1 0 $_{(2)}$
　　　　　　　　　　　└─ 1 の位
　　　　　　　　　└─── 2 の位
　　　　　　　└───── 2^2 の位
　　　　└─────── 2^3 の位
　　└───────── 2^4 の位

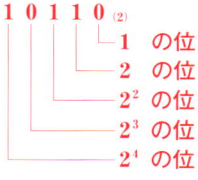

162 10 進法で表された数 98 を次の方法で表しなさい.
(1) 2 進法　(2) 3 進法　(3) 5 進法

方針 2 進法で表すとき, 2 で割ることを繰り返してもよいが, 2, 4, 8, 16, 32, 64 のうちのいくつかの数の和で表すと考えた方が確実である.

---

163 2 進法, 3 進法, 5 進法のままで計算しなさい.

(1)　$11111_{(2)}$
　＋　$1010_{(2)}$

(2)　$21122_{(3)}$
　－　$1210_{(3)}$

(3)　$314_{(5)}$
　×　$23_{(5)}$

(4) $101_{(2)} \overline{) 100011_{(2)}}$

方針 繰り上がり, 繰り下がりに注意して, 2 進法や 3 進法のままで計算する.

---

164 分数 $\dfrac{21}{n}$ は, $\dfrac{1}{2}$ より大きく, $\dfrac{2}{3}$ より小さい有限小数を表す.
(1) 自然数 n の値をすべて求めなさい.
(2) さらに, 分数 $\dfrac{21}{n}$ が既約分数であるとき, 自然数 n の値をすべて求めなさい.

方針 まず, n の値の範囲を求める.
▶(2)では, n は 21 と互いに素である.

41 記数法

161
(1) $10110_{(2)} = 1 \times 2^4 + 1 \times 2^2 + 1 \times 2 = \mathbf{22}$
(2) $12102_{(3)} = 1 \times 3^4 + 2 \times 3^3 + 1 \times 3^2 + 2 = \mathbf{146}$
(3) $12034_{(5)} = 1 \times 5^4 + 2 \times 5^3 + 3 \times 5 + 4 = \mathbf{894}$

162
(1) $98 = 64 + 32 + 2 = 1 \times 2^6 + 1 \times 2^5 + 1 \times 2 = \mathbf{1100010_{(2)}}$
(2) $98 = 81 + 9 + 6 + 2 = 1 \times 3^4 + 1 \times 3^2 + 2 \times 3 + 2 = \mathbf{10122_{(3)}}$
(3) $98 = 75 + 20 + 3 = 3 \times 5^2 + 4 \times 5 + 3 = \mathbf{343_{(5)}}$

163

(1)
```
   11111(2)
+   1010(2)
  ─────────
  101001(2)
```

(2)
```
   21122(3)
-   1210(3)
  ─────────
   12212(3)
```

(3)
```
     314(5)
  ×   23(5)
  ─────────
    2002
   1133
  ─────────
   13332(5)
```

(4)
```
              111(2)
        ┌─────────
101(2) )100011(2)
         101
         ───
         111
         101
         ───
         101
         101
         ───
           0
```

164
(1) $\dfrac{1}{2} < \dfrac{21}{n} < \dfrac{2}{3}$ より，$31.5 < n < 42$

よって，
$n = 32,\ 33,\ 34,\ 35,\ 36,\ 37,\ 38,\ 39,\ 40,\ 41$

このうち，$\dfrac{21}{n}$ が有限小数になるのは，$n = \mathbf{32,\ 35,\ 40}$

(2) さらに，n と 21 とが互いに素であるのは，$n = \mathbf{32,\ 40}$

42 合同式

165 整数を5で割った余りに着目して，次のような計算を行った．
空欄に 0, 1, 2, 3, 4 のうちのふさわしい値を記入しなさい．

+	0	1	2	3	4
0				3	
1		2			
2					1
3			0		
4					

×	0	1	2	3	4
0					
1		1			
2					3
3	0				
4			2		

方針 0, 1, 2, 3, 4 についての加法，乗法を行い，5で割った余りを記入する．

---

166 $a \equiv b \pmod{m}$, $c \equiv d \pmod{m}$ であるとき，
次の式が成り立つ．(1)と(3)を証明しなさい

(1) $a+c \equiv b+d \pmod{m}$
(2) $a-c \equiv b-d \pmod{m}$
(3) $ac \equiv bd \pmod{m}$
(4) $a^n \equiv b^n \pmod{m}$（n は自然数）

方針 $a \equiv b \pmod{m}$, $c \equiv d \pmod{m}$ であるとき，$a-b=mp$, $c-d=mq$（p, q は整数）と表すことができる．

---

167 次の設問に答えなさい．

(1) $7^3 \equiv 1 \pmod{19}$ であることを確かめなさい．
(2) 7^{2678} を 19 で割った余りを求めなさい．

方針 (1) $7^3 = 343$ を 19 で割った余りを求める．
(2) $2678 = 3 \times 892 + 2$ を利用する．

---

168 次の設問に答えなさい．

(1) 次の式が成り立つことを確かめなさい．
$2^6 \equiv 1 \pmod{7}$, $3^6 \equiv 1 \pmod{7}$, $4^6 \equiv 1 \pmod{7}$,
$5^6 \equiv 1 \pmod{7}$, $6^6 \equiv 1 \pmod{7}$

(2) 次の式のうち，どれが成り立ちますか．
$2^2 \equiv 1 \pmod{6}$, $3^2 \equiv 1 \pmod{6}$, $4^2 \equiv 1 \pmod{6}$, $5^2 \equiv 1 \pmod{6}$

165

+	0	1	2	3	4
0	**0**	**1**	**2**	**3**	**4**
1	**1**	2	3	4	**0**
2	**2**	3	4	0	1
3	3	4	0	**1**	**2**
4	**4**	**0**	**1**	**2**	**3**

×	0	1	2	3	4
0	**0**	**0**	**0**	**0**	**0**
1	0	1	2	3	4
2	**0**	2	4	**1**	3
3	0	**3**	**1**	**4**	**2**
4	**0**	**4**	**3**	2	**1**

166

$a \equiv b \pmod{m}$, $c \equiv d \pmod{m}$ であるとき,
$a - b = mp$, $c - d = mq$ (p, q は整数)
と表すことができる.

(1) $(a+c)-(b+d) = (a-b)+(c-d)$
$= mp + mq = m(p+q)$

p, q は整数であるから, $p+q$ も整数である.
ゆえに, $a+c \equiv b+d \pmod{m}$

(3) $ac - bd = ac - ad + ad - bd = a(c-d) + (a-b)d$
$= a \cdot mq + mp \cdot d = m(aq + dp)$

p, q は整数であるから, $aq + dp$ も整数である.
ゆえに, $ac \equiv bd \pmod{m}$

167

(1) $7^3 = 343 = 19 \times 18 + 1$
ゆえに, $7^3 \equiv 1 \pmod{19}$

(2) $2678 = 3 \times 892 + 2$ であるから,
$7^{2678} = 7^{3 \times 892 + 2}$
$= (7^3)^{892} \times 7^2$
$\equiv 1^{892} \times 49 \pmod{19}$
$= 1 \times (19 \times 2 + 11)$
$\equiv 11 \pmod{19}$

ゆえに, 7^{2678} を 19 で割った余りは, **11** である.

168

(1) $2^6 = 64 = 7 \times 9 + 1$ よって, $2^6 \equiv 1 \pmod{7}$
$3^6 = 729 = 7 \times 104 + 1$ よって, $3^6 \equiv 1 \pmod{7}$
$4^6 = 4096 = 7 \times 585 + 1$ よって, $4^6 \equiv 1 \pmod{7}$
$5^6 = 15625 = 7 \times 2232 + 1$ よって, $5^6 \equiv 1 \pmod{7}$
$6^6 = 46656 = 7 \times 6665 + 1$ よって, $6^6 \equiv 1 \pmod{7}$

(2) $\mathbf{5^2 \equiv 1 \pmod{6}}$

43 和の法則・積の法則

169 大,小 2 個のサイコロを同時に投げるとき,目の和が 4 の倍数になるのは何通りあるか求めなさい.
▶ 目の和が 4, 8, 12 のいずれかである.

170 A, B, C の 3 つの町が図のような道で結ばれている. A から C まであともどりせずに行くとき,道の選び方は何通りあるか求めなさい.

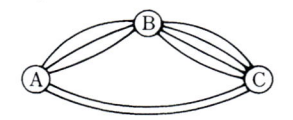

方針 和の法則,積の法則を適用する.

171 A, B 2 チームが対戦し,先に 3 勝したチームを優勝とする.優勝が決まるまでの勝敗の分かれ方は何通りあるか求めなさい.ただし,各試合において引き分けはないものとする.

方針 樹形図をかいて,もれなく数える.

172 1 から 100 までの自然数のうち,次の条件を満たす数の個数を求めなさい.
(1) 4 でも 6 でも割り切れる
(2) 4 でも 6 でも割り切れない
▶ 次の図を利用して考えるとよい.

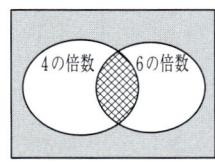

43 和の法則・積の法則

ANSWER

169 目の和が4の倍数になるのは,4,8,12のいずれかで,
和が4：(1, 3), (2, 2), (3, 1) の3通り
和が8：(2, 6), (3, 5), (4, 4), (5, 3), (6, 2) の5通り
和が12：(6, 6) の1通り
ゆえに,3＋5＋1＝**9 (通り)**

170 Bを通る道筋　　　：3×4＝12 (通り)
Bを通らない道筋：2通り
ゆえに,12＋2＝**14 (通り)**

171 まず,Aが優勝する場合を考える.

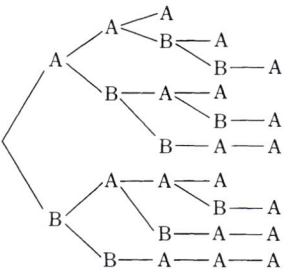

```
          A―A
        A―B―A
      A―    B―A
        B―A―A
          A―A
          B―A―A

          A―A
        A―B―A
      B―    B―A
        B―A―A
          A―A
          B―A―A―A
```

Aが優勝する場合の勝敗の分かれ方は,10通りである.
Bが優勝する場合も同様であるから,結局
$$10 \times 2 = \textbf{20 (通り)}$$

172 (1) 12で割り切れる数の個数を求めればよい.
$100 \div 12 = 8.3\cdots$ より **8個**
(2) $100 \div 4 = 25$, $100 \div 6 = 16.6\cdots$ より
4の倍数は25個,6の倍数は16個.
よって,4で割り切れるかまたは6で割り切れる数は
$$25 + 16 - 8 = 33 (個)$$
ゆえに,4でも6でも割り切れない数は
$$100 - 33 = \textbf{67 (個)}$$

7 順列と組合せ

44 順列

173 次の値を求めなさい.
(1) $_6P_2$ (2) $_8P_3$ (3) $_4P_4$ (4) $_7P_7$

$$_nP_r = n(n-1)(n-2)\cdots(n-r+1)$$

174 ⓪, ①, ②, ③, ④, ⑤の6枚のカードから異なる3枚を選んで3桁の整数をつくるとき, 偶数は何個できるか求めなさい.

方針 一の位が⓪かどうかで場合分けする.
▶百の位に⓪を置くことはできない.

175 questionの8文字を1列に並べるとき, 少なくとも一端が母音であるような並べ方は何通りあるか求めなさい.

方針 全体の個数から, 両端とも子音である並べ方の個数を引いて求める.
▶両端とも母音, 一端だけ母音のように場合分けしては遠まわり.

176 5人の男子A, B, C, D, Eと3人の女子P, Q, Rの合計8人が1列に並ぶ.
(1) AとPが隣り合う並び方は何通りあるか求めなさい.
(2) どの女子も隣り合わない並び方は何通りあるか求めなさい.

方針 (1) AとPをまとめて1人とみなして並べ, さらにAとPの順序も考える.
(2) 男子5人を1列に並べておいて, その間および両端の計6か所から3か所を選び, 女子を1人ずつ置くと考える.

173

(1) $_6P_2 = 6 \cdot 5 = \mathbf{30}$
(2) $_8P_3 = 8 \cdot 7 \cdot 6 = \mathbf{336}$
(3) $_4P_4 = 4 \cdot 3 \cdot 2 \cdot 1 = \mathbf{24}$
(4) $_7P_7 = 7 \cdot 6 \cdot 5 \cdot 4 \cdot 3 \cdot 2 \cdot 1 = \mathbf{5040}$

174

一の位が $\boxed{0}$ のとき，
　百の位：5通り
　そのそれぞれについて　十の位：4通り
一の位が $\boxed{0}$ でないとき，
　一の位：$\boxed{2}$ または $\boxed{4}$ の2通り
　そのそれぞれについて　百の位：$\boxed{0}$ 以外の4通り
　　　　　　　　　　　　さらに　十の位：4通り
ゆえに，$5 \times 4 + 2 \times 4 \times 4 = \mathbf{52}$ **(個)**

175

母音：4個　　　子音：4個
すべての並べ方：$_8P_8 = 8!$（通り）
そのうち両端とも子音である並べ方は
　　　$_4P_2 \times _6P_6 = 12 \times 6!$（通り）
ゆえに，
　　　$8! - 12 \times 6! = 6! \times (8 \cdot 7 - 12) = 720 \times 44$
　　　　　　　　$= \mathbf{31680}$ **(通り)**

176

(1) AとPとを合わせて1人とみなして，7人全員が1列に並ぶと考える．AとPの入れ替えも考慮して
　　$_7P_7 \times _2P_2 = 7! \times 2! = 5040 \times 2$
　　　　　　　　$= \mathbf{10080}$ **(通り)**

(2) まず，男子5人を1列に並べておいて，その間および両端の計6か所から3か所を選び，女子を1人ずつ置くと考えて
　　$_5P_5 \times _6P_3 = 5! \times (6 \times 5 \times 4) = 120 \times 120$
　　　　　　　　$= \mathbf{14400}$ **(通り)**

45 いろいろな順列

177 0, 1, 2, 3, 4, 5の6種類の数字を用いて3桁の整数をつくるとき, 偶数は何個できるか求めなさい. ただし, 同じ数字を何回でも用いてよい.

178 集合 $A=\{1, 2, 3, 4\}$ の部分集合は全部で何個あるか求めなさい.

方針 各要素がそれぞれ含まれるか含まれないかを考える.

▶ 1つの要素が部分集合に含まれるか含まれないかで2通りずつ. これを, それぞれの要素について考える.

179 立方体の6つの面を, 紫, 青, 緑, 橙, 黄, 赤の6色すべてを用いて塗り分けるとき, 塗り方は何通りあるか求めなさい.

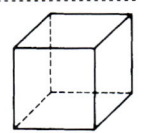

方針 まず, 紫を塗る面を決める. 次に, 向かい合う面に塗る色を決める.

▶ 残りの4つの側面の塗り方は, 円順列の考え方を応用する.

180 パーティーで, A, B, C, Dの4人がそれぞれ1つずつプレゼントを持ち寄り, 互いに交換する. 4人とも自分以外の人のプレゼントをもらうようにするとき, 交換の方法は何通りあるか求めなさい.

方針 プレゼントをa, b, c, dとし, 条件どおり, もれなく重複なく数える.

177

百の位：5 通り
　そのそれぞれについて　十の位：6 通り
　そのそれぞれについて　一の位：3 通り
ゆえに，5×6×3＝**90（個）**

178

4 個の要素 1 つ 1 つについて，部分集合に含まれるか含まれないかの 2 通りが考えられるので
$$2^4＝\mathbf{16}\textbf{（個）}$$

179

紫を塗る面を固定すると，その向かい合う面の塗り方は，5 通り．
残りの 4 つの側面の塗り方は，残り 4 色の円順列と考えられるから
$$(4-1)!＝3!＝6\text{（通り）}$$
ゆえに，5×6＝**30（通り）**

180

プレゼントをそれぞれ a，b，c，d とする．A が b をもらうとき，B，C，D のもらい方は次のようになる．

B	a	c	d
C	d	d	a
D	c	a	c

A が c をもらうとき，A が d をもらうときも同様であるから
$$3×3＝\mathbf{9}\text{（通り）}$$

46 組合せ

181 次の値を求めなさい．
(1) $_6C_2$ (2) $_8C_3$ (3) $_{10}C_{10}$ (4) $_{10}C_9$

$$_nC_r = \frac{n(n-1)(n-2)\cdots(n-r+1)}{r(r-1)(r-2)\cdots 3\cdot 2\cdot 1}$$

$$_nC_r = {}_nC_{n-r}$$

182 男子7人，女子5人のなかからそれぞれ2人ずつ計4人の委員を選ぶとき，選び方は何通りあるか求めなさい．

方針 積の法則を併用する．

▶(男子2人の選び方の数)×(女子2人の選び方の数)

183 1，2，3，4，5，6，7，8，9，10の10個の数から異なる3つの数を選ぶとき，それらの積が4の倍数となるのは何通りあるか求めなさい．

方針 $A=\{1, 3, 5, 7, 9\}$，$B=\{2, 6, 10\}$，$C=\{4, 8\}$ の3つのグループに分けて考える．

▶4の倍数にならない場合を数えて，全体から引く．

184 正八角形の8個の頂点から3個を選んで三角形をつくるとき，もとの正八角形と辺を共有しないものの個数を求めなさい．

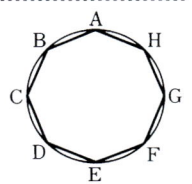

181
(1) $_6C_2 = \dfrac{6\cdot 5}{2\cdot 1} = \mathbf{15}$
(2) $_8C_3 = \dfrac{8\cdot 7\cdot 6}{3\cdot 2\cdot 1} = \mathbf{56}$
(3) $_{10}C_{10} = {_{10}C_0} = \mathbf{1}$
(4) $_{10}C_9 = {_{10}C_1} = \mathbf{10}$

182
男子 2 人の選び方：$_7C_2 = \dfrac{7\cdot 6}{2\cdot 1} = 21$（通り）

女子 2 人の選び方：$_5C_2 = \dfrac{5\cdot 4}{2\cdot 1} = 10$（通り）

ゆえに，$21 \times 10 = \mathbf{210}$（通り）

183
$A = \{1, 3, 5, 7, 9\}$，$B = \{2, 6, 10\}$，$C = \{4, 8\}$ とおく．
積が 4 の倍数にならないのは，
　A から 3 個選ぶ
　A から 2 個と B から 1 個選ぶ
のいずれかであるから，
$$_5C_3 + {_5C_2} \times {_3C_1} = 10 + 10 \times 3 = 40 \text{（通り）}$$
異なる 3 つの数の選び方は，
$$_{10}C_3 = 120 \text{（通り）}$$
であるから
$$120 - 40 = \mathbf{80}\text{（通り）}$$

184
三角形は全部で
$$_8C_3 = \dfrac{8\cdot 7\cdot 6}{3\cdot 2\cdot 1} = 56 \text{（個）}$$
このうち，もとの正八角形と
　2 辺を共有するものは，8 個
　1 辺のみを共有するものは，$8 \times 4 = 32$（個）
ゆえに，
$$56 - (8 + 32) = \mathbf{16}\text{（個）}$$
（参考） △ACG と合同なものが 8 個，
　　　　　△ADF と合同なものが 8 個ある．

47 いろいろな組合せ

185 ｆａｍｉｌｉａｒの8文字を全部並べてできる順列の総数を求めなさい．

方針 8つの場所を用意しておいて，まず2つのa，2つのiを置く．

▶ 組合せの考えを用いて，a, a, i, i の場所を決めてから，他の文字を並べる．

186 右の図のような道のある町で，AからBまで遠まわりしないで行く方法は何通りあるか求めなさい．

方針 道すじを $xyyxxxyx$ のように表して考える．

▶ 同じものを含む順列の考えを応用する．

187 $(x+y+z)^4$ を展開して整理したとき，何種類の項ができるか求めなさい．

方針 $x^a y^b z^c$ の形の項ができる．a, b, c は，$a+b+c=4$ を満たす負でない整数．

▶ 重複組合せ　$_nH_r = _{n+r-1}C_r$

188 $x+y+z=7$ を満たす整数の組 (x, y, z) のうち，さらに次の条件を満たすものは何組あるか求めなさい．
(1) x, y, z がいずれも負でない整数
(2) x, y, z がいずれも自然数

185

8文字のうち,aが2個,iが2個あるので
$$_8C_2 \times _6C_2 \times _4P_4 = 28 \times 15 \times 24 = \mathbf{10080} \text{(通り)}$$
あるいは,
$$\frac{8!}{2!2!} = \frac{8 \cdot 7 \cdot 6 \cdot 5 \cdot 4 \cdot 3 \cdot 2 \cdot 1}{2 \cdot 1 \cdot 2 \cdot 1} = \mathbf{10080} \text{(通り)}$$

186

横に1区間進むことを x,たてに1区間進むことを y とすると,5個の x と3個の y を1列に並べる並べ方の総数を求めればよい.よって,
$$_8C_3 = \frac{8 \cdot 7 \cdot 6}{3 \cdot 2 \cdot 1} = \mathbf{56} \text{(通り)}$$
あるいは,
$$\frac{8!}{5!3!} = \frac{8 \cdot 7 \cdot 6 \cdot 5 \cdot 4 \cdot 3 \cdot 2 \cdot 1}{5 \cdot 4 \cdot 3 \cdot 2 \cdot 1 \cdot 3 \cdot 2 \cdot 1} = \mathbf{56} \text{(通り)}$$

187

項は $x^a y^b z^c$ の形で,$a+b+c=4$ を満たす.ただし,a, b, c は負でない整数である.したがって,x, y, z の3種類から重複を許して4個取る組合せの個数を求めればよい.
ゆえに,
$$_3H_4 = _{3+4-1}C_4 = _6C_4 = _6C_2 = \mathbf{15} \text{(種類)}$$

188

(1) $_3H_7 = _{3+7-1}C_7 = _9C_7$
$= _9C_2 = \mathbf{36} \text{(組)}$

(2) $X=x-1$, $Y=y-1$, $Z=z-1$ とおくと
$$\begin{cases} X+Y+Z=4 \\ X, Y, Z \text{ は負でない整数} \end{cases}$$
となる.ゆえに,
$$_3H_4 = _{3+4-1}C_4 = _6C_4 = _6C_2 = \mathbf{15} \text{(組)}$$

48 分け方の問題

189
6人の生徒を3人ずつ2組に分ける．
(1) 組をA組，B組と区別するとき，分け方は何通りあるか求めなさい．
(2) 組を区別しないとき，分け方は何通りあるか求めなさい．

方針 (2)の分け方に，さらに組の名を付けたものが(1)の分け方になると考える．

190
6人が2つの部屋に分かれて宿泊する．ただし，どの部屋にも少なくとも1人は泊まるものとする．
(1) 2つの部屋をA, Bと区別するとき，分かれ方は何通りあるか求めなさい．
(2) 2つの部屋を区別しないとき，分かれ方は何通りあるか求めなさい．

191
6個の同様のケーキを2つの皿に盛り分ける．ただし，どの皿にも少なくとも1個は盛るものとする．
(1) 2つの皿をA, Bと区別するとき，盛り方は何通りあるか求めなさい．
(2) 2つの皿を区別しないとき，盛り方は何通りあるか求めなさい．

192
$6=1+2+3$ のように，6を2個以上の自然数の和として表すとき，表し方は何通りあるか求めなさい．
ただし，たとえば $2+4$ と $4+2$ とは同じ表し方であるとみなす．

ANSWER

189
(1) A組の3人を決めるとB組も決まるので
$$_6C_3 = \frac{6\cdot 5\cdot 4}{3\cdot 2\cdot 1} = \mathbf{20\,(通り)}$$
(2) 組に区別がないので，(1)より
$$20 \div 2 = \mathbf{10\,(通り)}$$

190
(1) 分かれ方は，2^6 通りあるが，このうち空部屋ができてしまう分かれ方が2通りあるので
$$2^6 - 2 = 64 - 2 = \mathbf{62\,(通り)}$$
(2) 組に区別がないので，(1)より
$$62 \div 2 = \mathbf{31\,(通り)}$$

191
(1) Aの個数を決めるとBの個数も決まる．
$$A: 1,\ 2,\ 3,\ 4,\ 5$$
ゆえに，**5通り**
(2) 1個と5個，2個と4個，3個と3個の **3通り**

192
1+1+1+1+1+1
1+1+1+1+2，1+1+2+2，2+2+2
1+1+1+3，1+2+3，3+3
1+1+4，2+4
1+5
よって，**10通り**

49 確率(Ⅰ)

193 3枚のコインを同時に投げるとき，2枚が表で1枚が裏である確率を求めなさい．

方針 3つのコインを区別して考える．
▶ 3枚のコインをたとえば100円硬貨，10円硬貨，1円硬貨のように区別して扱う．

194 A，B，Cの3人が1回ジャンケンをするとき，1人だけ勝つ確率を求めなさい．

方針 だれがどの手で勝つかを数える．
▶ 3人の手の出し方は，3^3 通り．

195 2つのサイコロを同時に投げるとき，目の数の和が5になる確率を求めなさい．

方針 2つのサイコロを区別して考える．
▶ 2つのサイコロをたとえば大，小と区別して扱う．
★ 以上の3題が，コイン，ジャンケン，サイコロのタイプの確率の問題の代表です．

196 3つのサイコロを同時に投げるとき，目の数の和が5以下である確率を求めなさい．

方針 3つのサイコロを区別して考える．
▶ 3つのサイコロをたとえば大，中，小と区別して扱う．
▶ 3つのサイコロの目をたとえば(1, 4, 3)のように表して考えるとよい．

49 確率(I)

ANSWER

193 3枚のコインの表裏の出方は,
$$2^3 = 8 \text{ (通り)}$$
このうち, 2枚が表で1枚が裏となるのは
　　表表裏, 表裏表, 裏表表
の3通りであるから, 求める確率は $\dfrac{3}{8}$

194 3人のグー, チョキ, パーの出方は,
$$3^3 = 27 \text{ (通り)}$$
このうち, 1人だけ勝つのは
　　勝つ人の選び方:3通り
　　グー, チョキ, パーのどれで勝つか:3通り
　　他の2人は負けとなる手を出すので決まってしまう.
よって, 求める確率は $\dfrac{3 \times 3}{27} = \dfrac{1}{3}$

195 2つのサイコロの目の出方は,
$$6^2 = 36 \text{ (通り)}$$
このうち, 目の数の和が5となるのは
　　1と4, 2と3, 3と2, 4と1
の4通りであるから, 求める確率は $\dfrac{4}{36} = \dfrac{1}{9}$

196 3つのサイコロの目の出方は,
$$6^3 = 216 \text{ (通り)}$$
このうち, 目の数の和が5以下となるのは
　　(1, 1, 1), (1, 1, 2), (1, 2, 1), (2, 1, 1),
　　(1, 2, 2), (2, 1, 2), (2, 2, 1),
　　(1, 1, 3), (1, 3, 1), (3, 1, 1)
の10通りであるから, 求める確率は
$$\dfrac{10}{216} = \dfrac{5}{108}$$

50 確率(Ⅱ)

197 3本の当たりくじを含む10本のくじから同時に2本引くとき，2本とも当たる確率を求めなさい．

方針 組合せを利用して考える．
- ▶ くじに1から10までの番号がついていると考える．
- ▶ 同時に2本引く：10本から2本とる組合せ．

---

198 $\boxed{1}$, $\boxed{2}$, $\boxed{3}$, $\boxed{4}$, $\boxed{5}$, $\boxed{6}$, $\boxed{7}$ の7枚のカードから同時に2枚を選ぶとき，書かれている数の和が10以上である確率を求めなさい．

方針 これも，組合せを利用する．

---

199 袋の中に赤球が3個，白球が4個入っている．よく混ぜてから同時に3個取り出すとき，1個が赤球で，2個が白球である確率を求めなさい．

方針 これも，組合せを利用する．
- (★) 以上の3題が，球，くじ，カードのタイプ（組合せを利用する）の確率の問題の代表です．

---

200 A，B，C，D，Eの5文字をでたらめに1列に並べるとき，AとBが隣り合う確率を求めなさい．

方針 順列を利用して考える．
- ▶ 1列に並べるので，順列の考え方を用いて数える．

197

くじの引き方は，
$$_{10}C_2 = 45 \text{ (通り)}$$
このうち，2本とも当たるのは，
$$_3C_2 = 3 \text{ (通り)}$$
ゆえに，求める確率は $\dfrac{3}{45} = \boldsymbol{\dfrac{1}{15}}$

198

カードの選び方は，$_7C_2 = 21$ (通り)
このうち，和が 10 以上になるのは
　　　③と⑦，④と⑥，④と⑦，
　　　⑤と⑥，⑤と⑦，⑥と⑦
の 6 通りであるから，求める確率は
$$\dfrac{6}{21} = \boldsymbol{\dfrac{2}{7}}$$

199

球の取り出し方は，$_7C_3 = \dfrac{7 \cdot 6 \cdot 5}{3 \cdot 2 \cdot 1} = 35$ (通り)
このうち，赤球が 1 個，白球が 2 個の取り出し方は
$$_3C_1 \times {}_4C_2 = 3 \times 6 = 18 \text{ (通り)}$$
ゆえに，求める確率は $\boldsymbol{\dfrac{18}{35}}$

200

5 文字の並べ方は，
$$_5P_5 = 5 \cdot 4 \cdot 3 \cdot 2 \cdot 1 = 120 \text{ (通り)}$$
このうち，A と B が隣り合うのは
A と B をひとまとまりと考えると，並べ方は
$$_4P_4 = 24 \text{ (通り)}$$
　さらに，A と B の入れ替えで　2 通り
よって，求める確率は
$$\dfrac{24 \times 2}{120} = \boldsymbol{\dfrac{2}{5}}$$

51 加法定理

201 袋の中に赤球が3個,白球が4個入っている.この中から同時に2個取り出すとき,それらが同じ色である確率を求めなさい.

方針 「2個とも赤」,「2個とも白」の確率を加える.
▶ 「2個とも赤」という事象と「2個とも白」という事象は排反である.

---

202 3本の当たりくじを含む12本のくじから同時に2本引くとき,少なくとも1本が当たりである確率を求めなさい.

方針 余事象を利用する.
▶ 「少なくとも…」:余事象を考える.
▶ $P(A) = 1 - P(\overline{A})$

---

203 $\boxed{1}$, $\boxed{2}$, $\boxed{3}$, $\cdots$, $\boxed{49}$, $\boxed{50}$の50枚のカードから1枚選ぶとき,次の確率を求めなさい.
(1) 書かれた数字が2の倍数であるかまたは3の倍数である確率
(2) 書かれた数字が2の倍数でも3の倍数でもない確率

---

204 $P(\overline{A}) = \dfrac{7}{12}$, $P(\overline{B}) = \dfrac{1}{3}$, $P(A \cap B) = \dfrac{1}{6}$ のとき,次の確率を求めなさい. 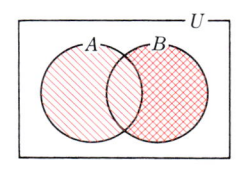
(1) $P(A \cup B)$
(2) $P(\overline{A} \cap B)$

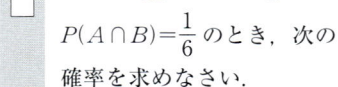

51 加法定理

ANSWER

201 球の取り出し方は,$_7C_2 = 21$ (通り)
このうち,2個が同色となるのは,2個とも赤,または2個とも白の場合である.
ゆえに,求める確率は
$$\frac{_3C_2}{_7C_2} + \frac{_4C_2}{_7C_2} = \frac{3}{21} + \frac{6}{21} = \frac{3}{7}$$

202 1本も当たらない確率を求めて,全体の確率1から引けばよいから
$$1 - \frac{_9C_2}{_{12}C_2} = 1 - \frac{36}{66} = 1 - \frac{6}{11} = \frac{5}{11}$$

203 カードの選び方は,50通り
(1) 2の倍数:$50 \div 2 = 25$　　　25個
　　3の倍数:$50 \div 3 = 16.6\cdots$　　16個
　　6の倍数:$50 \div 6 = 8.3\cdots$　　　8個
よって,$\frac{25 + 16 - 8}{50} = \frac{33}{50}$

(2) 余事象を考えて,$1 - \frac{33}{50} = \frac{17}{50}$

204 $P(A) = 1 - P(\overline{A}) = 1 - \frac{7}{12} = \frac{5}{12}$
$P(B) = 1 - P(\overline{B}) = 1 - \frac{1}{3} = \frac{2}{3}$

(1) $P(A \cup B) = P(A) + P(B) - P(A \cap B)$
$$= \frac{5}{12} + \frac{2}{3} - \frac{1}{6} = \frac{11}{12}$$

(2) $P(\overline{A} \cap B) = P(B) - P(A \cap B)$
$$= \frac{2}{3} - \frac{1}{6} = \frac{1}{2}$$

8 確率

52 独立試行の確率

205 2つのサイコロを同時に投げるとき,両方とも奇数の目が出る確率を求めなさい.

方針 互いに影響を及ぼさない試行は,独立であると考える.

206 A,B2人がクイズに正解する確率は,それぞれ $\frac{3}{4}$,$\frac{2}{3}$ であるとする.2人が同時にクイズに挑戦するとき,少なくとも1人が正解である確率を求めなさい.

方針 A が正解することと B が正解することは,独立であると考える.

207 袋の中に赤球が2個,白球が3個入っている.この中から1個取り出して色を調べてもとにもどし,ふたたび1個取り出して色を調べる.
このとき,2回とも同じ色である確率を求めなさい.

方針 1回めの球の色と2回めの球の色とは無関係である.

▶ 調べた球をもとにもどすので,1回めの試行と2回めの試行とは独立である.

208 A,B,C,D の4人が1回ジャンケンをするとき,1人だけ勝つ確率を求めなさい.

方針 A が勝つとすると,他の3人は A の手に負ける手を出すことになる.

52 独立試行の確率

ANSWER

205 1つのサイコロで,奇数の目が出る確率は
$$\frac{3}{6}=\frac{1}{2}$$
2つのサイコロの目の出方は独立であるから,求める確率は
$$\frac{1}{2}\times\frac{1}{2}=\frac{1}{4}$$

206 2人とも不正解となる確率を全体の確率1から引けばよいから,求める確率は
$$1-\left(1-\frac{3}{4}\right)\left(1-\frac{2}{3}\right)=1-\frac{1}{4}\times\frac{1}{3}$$
$$=1-\frac{1}{12}=\frac{11}{12}$$

207 1回の試行で
$$\text{赤球が出る確率は}\quad\frac{2}{5}$$
$$\text{白球が出る確率は}\quad\frac{3}{5}$$
2回の試行は独立であるから,求める確率は
$$\frac{2}{5}\times\frac{2}{5}+\frac{3}{5}\times\frac{3}{5}=\frac{13}{25}$$

208 たとえば,Aが勝つとすると,他の3人はAに負ける手を出すことになり,その確率は1人について $\frac{1}{3}$ である.そして,B,C,Dがどの手を出すかは互いに独立である.
B,C,Dが勝つ場合もそれぞれ同様であるから,求める確率は
$$\left\{1\times\left(\frac{1}{3}\right)^3\right\}\times 4=\frac{4}{27}$$

53 反復試行の確率

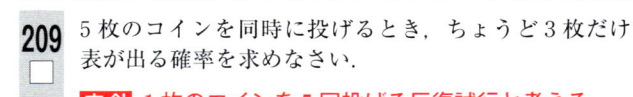

209 5枚のコインを同時に投げるとき,ちょうど3枚だけ表が出る確率を求めなさい.

方針 1枚のコインを5回投げる反復試行と考える.

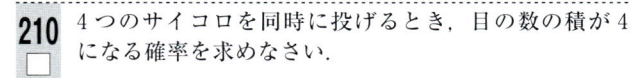

---

210 4つのサイコロを同時に投げるとき,目の数の積が4になる確率を求めなさい.

方針 まず,積が4になる場合を具体的に考える.
▶ $4\times1\times1\times1$ の場合と,$2\times2\times1\times1$ の場合がある.

---

211 A, B 2人がジャンケンをし,勝ったほうは2点を得て,負けたほうは1点を失う.
これを4回繰り返したとき,Aの得点が2点である確率を求めなさい.ただし,あいこのときは回数に数えるが,得点の変化はない.

方針 Aが2回勝つ場合と1回勝つ場合に分けて考える.

---

212 A, B が試合を繰り返し,先に3勝したほうを優勝とする.ただし,1回の対戦でAが勝つ確率は $\dfrac{2}{3}$, Bが勝つ確率は $\dfrac{1}{3}$ である.

このとき,Aが優勝する確率を求めなさい.

方針 Aが最後に勝って終了することに気づくこと.
▶ Aが2勝, Bが2勝以下で,最後にAが勝って優勝する.

53 反復試行の確率

209 反復試行の確率の公式より
$$_5C_3 \cdot \left(\frac{1}{2}\right)^3 \cdot \left(\frac{1}{2}\right)^2 = \frac{10}{2^5} = \frac{5}{16}$$

210 4つのサイコロの目の数の積が4になるのは
(ア) $4 \times 1 \times 1 \times 1$, (イ) $2 \times 2 \times 1 \times 1$
の2つの場合が考えられる．

(ア)の確率：$_4C_1 \cdot \frac{1}{6} \cdot \left(\frac{1}{6}\right)^3 = \frac{4}{6^4}$

(イ)の確率：$_4C_2 \cdot \left(\frac{1}{6}\right)^2 \cdot \left(\frac{1}{6}\right)^2 = \frac{6}{6^4}$

(ア), (イ)は排反であるから，求める確率は
$$\frac{4}{6^4} + \frac{6}{6^4} = \frac{10}{6^4} = \frac{5}{648}$$

211 Aの得点が2点となるのは，Aが
(ア) 2回勝ち，2回負ける
(イ) 1回勝ち，3回あいこになる
のいずれかである．(ア), (イ)は排反であるから，求める確率は
$$_4C_2 \cdot \left(\frac{1}{3}\right)^2 \cdot \left(\frac{1}{3}\right)^2 + {_4C_1} \cdot \frac{1}{3} \cdot \left(\frac{1}{3}\right)^3 = \frac{6+4}{3^4} = \frac{10}{81}$$

212 最後にAが勝ってAの優勝となるが，それまでにAが
2勝0敗，2勝1敗，2勝2敗
の3通りの可能性があり，これらは互いに排反であるから，求める確率は
$$\left\{{_2C_2} \cdot \left(\frac{2}{3}\right)^2 + {_3C_2} \cdot \left(\frac{2}{3}\right)^2 \cdot \frac{1}{3} + {_4C_2} \cdot \left(\frac{2}{3}\right)^2 \cdot \left(\frac{1}{3}\right)^2 \right\} \times \frac{2}{3}$$
$$= \left(\frac{4}{9} + \frac{4}{9} + \frac{8}{27}\right) \times \frac{2}{3} = \frac{64}{81}$$

54 期待値，条件付き確率

213 サイコロを1回投げるとき，出る目の数の期待値を求めなさい．

方針 期待値の定義のとおりに計算する．

214 袋の中に赤球が3個，白球が2個入っている．この中から球を同時に2個取り出すとき，含まれる赤球の個数の期待値を求めなさい．

方針 まず，赤球が0個，1個，2個の確率をそれぞれ求める．

215 10本のくじの中に3本の当たりが入っている．このくじをA，Bの順に1本ずつ引くとき，Aがはずれ B が当たる確率を求めなさい．
ただし，引いたくじはもとにもどさない．

方針 条件付き確率を利用する．
▶ A がはずれると，B は 3 本の当たりくじを含む 9 本のくじから 1 本引くことになる．

216 袋の中に赤球3個と白球4個が入っている．この袋からつづけて2個の球を取り出すとき，2個めが赤球である確率を求めなさい．

方針 1個めが赤球か白球かで場合分けする．

54 期待値，条件付き確率

213

$$1 \times \frac{1}{6} + 2 \times \frac{1}{6} + 3 \times \frac{1}{6} + 4 \times \frac{1}{6} + 5 \times \frac{1}{6} + 6 \times \frac{1}{6}$$

$$= \frac{21}{6} = \frac{7}{2} \ (=3.5)$$

214

赤球が0個，1個，2個の確率は次のようになる．

0個：$\dfrac{{}_2C_2}{{}_5C_2} = \dfrac{1}{10}$

1個：$\dfrac{{}_3C_1 \cdot {}_2C_1}{{}_5C_2} = \dfrac{6}{10}$

2個：$\dfrac{{}_3C_2}{{}_5C_2} = \dfrac{3}{10}$

赤球	0個	1個	2個	計
確率	$\dfrac{1}{10}$	$\dfrac{6}{10}$	$\dfrac{3}{10}$	1

ゆえに，求める期待値は

$$0 \times \frac{1}{10} + 1 \times \frac{6}{10} + 2 \times \frac{3}{10} = \frac{6}{5} \ (=1.2)$$

215

Aがはずれる確率は $\dfrac{7}{10}$

Bが当たるのは，残り9本のくじから当たりを引くときで，

$$\frac{3}{9} = \frac{1}{3}$$

ゆえに，求める確率は

$$\frac{7}{10} \times \frac{1}{3} = \frac{7}{30}$$

216

2個とも赤球である確率は $\dfrac{3}{7} \times \dfrac{2}{6}$

1個めが白，2個めが赤である確率は $\dfrac{4}{7} \times \dfrac{3}{6}$

ゆえに，求める確率は

$$\frac{3}{7} \times \frac{2}{6} + \frac{4}{7} \times \frac{3}{6} = \frac{18}{7 \times 6} = \frac{3}{7}$$

55 三角形と比

217 右の図で，$l \mathbin{/\!/} m \mathbin{/\!/} n$ であるとき，次の長さを求めなさい．
(1) CM　　(2) CD

方針 三角形の相似を利用する．

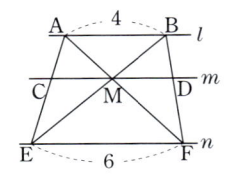

---

218 数直線上に2点 A(2)，B(7) がある．線分 AB を次のように分ける点の座標を求めなさい．
(1) 2:3 に内分する点 C，および外分する点 D
(2) 3:2 に内分する点 E，および外分する点 F

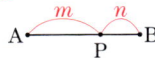

▶ $m:n$ に内分　　$m:n$ に外分
　　　　　　　　　$m < n$ のとき　　$m > n$ のとき

---

219 右の図で，AB=12，BC=10，CA=4 のとき，次の長さを求めなさい．
(1) BD　　(2) CE

▶ $\angle$BAD=$\angle$CAD $\iff$ AB:AC=BD:CD
　$\angle$B′AE=$\angle$CAE $\iff$ AB:AC=BE:CE

---

220 右の図で，BM=CM ならば，次のことが成り立つことを証明しなさい．
(1) PQ ∥ BC
(2) PN=MN=QN

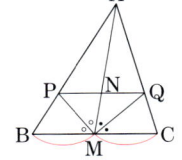

217

△MBA∽△MEF で，相似比は
$$4:6=2:3$$

(1) $CM = 6 \times \dfrac{2}{2+3} = \dfrac{\mathbf{12}}{\mathbf{5}}$

(2) $MD = 6 \times \dfrac{2}{2+3} = \dfrac{12}{5}$

ゆえに，$CD = 2CM = \dfrac{\mathbf{24}}{\mathbf{5}}$

218

(1) C(**4**)，D(**−8**)
(2) E(**5**)，F(**17**)

219

(1) $BD = BC \times \dfrac{12}{12+4} = 10 \times \dfrac{3}{4} = \dfrac{\mathbf{15}}{\mathbf{2}}$

(2) $CE = BC \times \dfrac{4}{12-4} = 10 \times \dfrac{1}{2} = \mathbf{5}$

220

(1) ∠AMP=∠BMP，∠AMQ=∠CMQ であるから，
$$AP:PB = AM:BM \quad \cdots\cdots ①$$
$$AQ:QC = AM:CM \quad \cdots\cdots ②$$
ここで，BM=CM を利用すると，①，②より
$$AP:PB = AQ:QC$$
ゆえに，PQ∥BC

(2) 平行線の錯角は等しいので，∠NPM=∠PMB
これと仮定から
$$∠NPM = ∠NMP$$
よって，PN=MN
同様に，MN=QN
ゆえに，PN=MN=QN

56 チェバの定理とメネラウスの定理

221 右の図で，BP：PC を求めなさい．

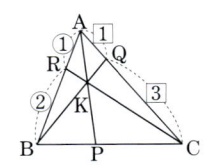

方針 チェバの定理の適用．

▶ $\dfrac{AR}{RB} \cdot \dfrac{BP}{PC} \cdot \dfrac{CQ}{QA} = 1$

222 右の図で，3点 B，K，Q が一直線上にあるかどうかを判定しなさい．

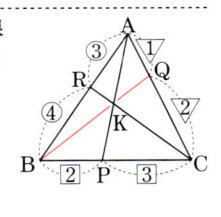

方針 チェバの定理の逆の適用．

▶ $\dfrac{AR}{RB} \cdot \dfrac{BP}{PC} \cdot \dfrac{CQ}{QA}$ が 1 になるかどうかを調べる．

223 右の図で，AQ：QC を求めなさい．

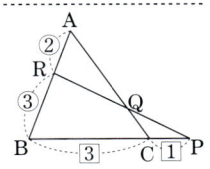

方針 メネラウスの定理の適用．

▶ $\dfrac{AR}{RB} \cdot \dfrac{BP}{PC} \cdot \dfrac{CQ}{QA} = 1$

224 右の図で，3点 P，Q，R が一直線上にあるかどうかを判定しなさい．

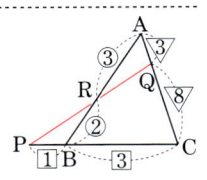

方針 メネラウスの定理の逆の適用．

▶ $\dfrac{AR}{RB} \cdot \dfrac{BP}{PC} \cdot \dfrac{CQ}{QA}$ が 1 になるかどうかを調べる．

56 チェバの定理とメネラウスの定理

ANSWER

221 チェバの定理より
$$\frac{1}{2} \cdot \frac{BP}{PC} \cdot \frac{3}{1} = 1$$
$$\frac{BP}{PC} = \frac{2}{3}$$
ゆえに，　BP：PC＝**2：3**

222 $\frac{AR}{RB} \cdot \frac{BP}{PC} \cdot \frac{CQ}{QA} = \frac{3}{4} \cdot \frac{2}{3} \cdot \frac{2}{1} = 1$
ゆえに，チェバの定理の逆より，**3 点 B，K，Q は一直線上にある．**

223 △ABC と直線 RP について，メネラウスの定理より
$$\frac{2}{3} \cdot \frac{3+1}{1} \cdot \frac{CQ}{QA} = 1$$
$$\frac{2}{3} \cdot \frac{4}{1} = \frac{AQ}{QC}$$
ゆえに，　AQ：QC＝**8：3**

224 △ABC と 3 点 P，Q，R について
$$\frac{AR}{RB} \cdot \frac{BP}{PC} \cdot \frac{CQ}{QA} = \frac{3}{2} \cdot \frac{1}{1+3} \cdot \frac{8}{3}$$
$$= 1$$
ゆえに，メネラウスの定理の逆より，**3 点 P，Q，R は一直線上にある．**

57 三角形の五心

225 空欄を埋めなさい．
三角形の3本の中線は1点で交わる．この交点を三角形の ア という．三角形の ア は各中線をそれぞれ イ :1に内分する．

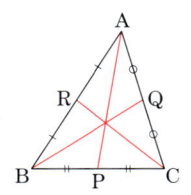

226 三角形の各辺の垂直二等分線は1点で交わる．この交点を三角形の カ という．三角形の カ を中心として三角形の3つの頂点を通る円を三角形の キ という．とくに，直角三角形の カ は斜辺の ク である．

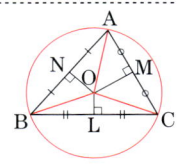

227 三角形の3つの角の二等分線は1点で交わる．この交点を三角形の サ という．三角形の サ を中心として，三角形の3辺に接する円を三角形の シ という．a, b, c を3辺とする三角形の面積を S とし， シ の半径を r とすると
$$\frac{1}{2}r(a+b+c)=\boxed{\text{ス}}$$
が成り立つので，$r=$ セ となる．

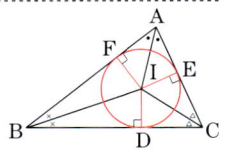

228 三角形の各頂点から対辺に引いた3本の垂線は1点で交わる．この交点を三角形の タ という．右の図の鋭角三角形で，△ABC の垂心は点 チ であり，△HBC の垂心は点 ツ である．

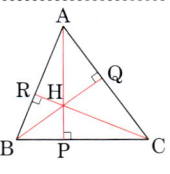

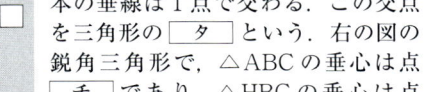

ANSWER

225 ア **重心**　イ **2**

（参考）$\dfrac{AR}{RB}\cdot\dfrac{BP}{PC}\cdot\dfrac{CQ}{QA}=\dfrac{1}{1}\cdot\dfrac{1}{1}\cdot\dfrac{1}{1}=1$

ゆえに，チェバの定理の逆より，三角形の3本の中線は1点で交わる．

---

226 カ **外心**　キ **外接円**　ク **中点**

---

227 サ **内心**　シ **内接円**　ス **S**　セ **$\dfrac{2S}{a+b+c}$**

---

228 タ **垂心**　チ **H**　ツ **A**

（参考）$AR=CA\cos A$,
$RB=BC\cos B$,
$BP=AB\cos B$,
$PC=CA\cos C$,
$CQ=BC\cos C$,
$QA=AB\cos A$
であるから，

$$\dfrac{AR}{RB}\cdot\dfrac{BP}{PC}\cdot\dfrac{CQ}{QA}=1$$

が成り立つので，チェバの定理の逆より，三角形の各頂点から対辺に引いた3本の垂線は1点で交わる．

58 円周角の定理,内接四角形,接弦定理

229 右の図で,α, β, γ の大きさを求めなさい.

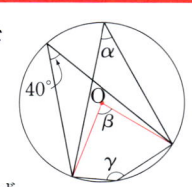

方針 円周角の定理の適用.

▶ 円周角は中心角の $\dfrac{1}{2}$

▶ 四角形 ABCD が円に内接するならば
$$\angle A + \angle C = \angle B + \angle D = 180°$$

---

230 右の図で,α, β, γ の大きさを求めなさい.

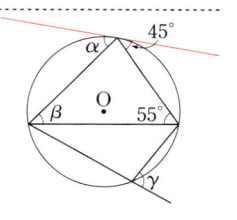

方針 接弦定理の適用.

▶ 接線と弦のつくる角は,その角の内部にある弧に対する円周角に等しい.

---

231 右の半円で,AB⊥CR であることを証明しなさい.

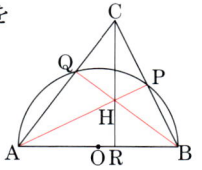

▶ 直径に対する円周角は 90°

▶ H は △ABC の垂心である.

---

232 右の図で
$$\angle BAT = \angle CAT$$
ならば
$$l \mathbin{/\mkern-5mu/} BC$$
であることを証明しなさい.

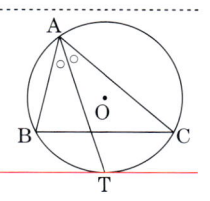

方針 接弦定理を利用して,1組の錯角が等しいことを示す.

58 円周角の定理, 内接四角形, 接弦定理

ANSWER

229 $\alpha = \mathbf{40°}$
$\beta = \mathbf{80°}$
$\gamma = \mathbf{140°}$

230 $\alpha = \mathbf{55°}$
$\beta = \mathbf{45°}$
$\gamma = 180° - (55° + 45°) = \mathbf{80°}$

231 線分 AB は半円の直径であるから, 円周角の定理より
$$\angle APB = \angle AQB = 90°$$
よって, AP, BQ の交点 H は △ABC の垂心である.
ゆえに, AB⊥CR

232 2点 B, T を結び, 図のように a を定める.
接弦定理より
$\qquad \alpha = \angle BAT \quad \cdots\cdots ①$
円周角の定理より
$\qquad \angle CBT = \angle CAT \quad \cdots\cdots ②$
①, ②と仮定より
$\qquad \alpha = \angle CBT$
1組の錯角が等しいので
$\qquad l \mathbin{/\mkern-5mu/} BC$

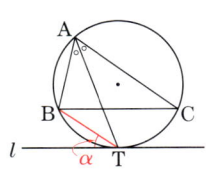

59 円の接線の長さ,方べきの定理

233 右の図で,接線 AN の長さを求めなさい.

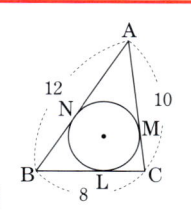

方針 $AM=AN=a$, $BN=BL=b$, $CL=CM=c$ とおいて,a,b,c の連立方程式を立てる.

▶ 円外の 1 点から円に引いた 2 本の接線の長さは等しい.

234 右の図で
$OO'=13$, $OA=7$, $O'B=2$
である. 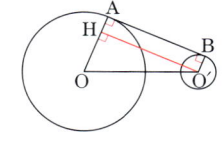
(1) 2 円の共通外接線 AB の長さを求めなさい.
(2) 2 円の共通内接線の長さを求めなさい.

方針 O' から半径 OA に垂線を引く.

235 右の図で,x,y,z を求めなさい.ただし,T は円の接点である.

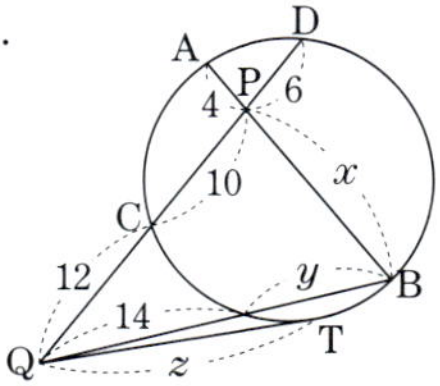

方針 方べきの定理の適用.

▶ $PA \cdot PB = PC \cdot PD$

236 右の図で,4 点 A,B,C,D は同一円周上にあることを証明しなさい.

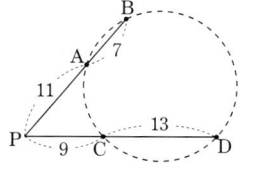

方針 方べきの定理の逆の適用.

▶ $PA \cdot PB = PC \cdot PD$ ならば,4 点は同一円周上にある.

ANSWER

233 AM=AN=a, BN=BL=b, CL=CM=c
とおくと
$$\begin{cases} a+b=12 & \cdots\cdots ① \\ b+c=8 & \cdots\cdots ② \\ c+a=10 & \cdots\cdots ③ \end{cases}$$
(①+②+③)÷2 より $a+b+c=15$ ……④
②, ④より $a=7$
すなわち AN=**7**

234 (1) AB=HO′=$\sqrt{13^2-(7-2)^2}$
$\qquad\qquad =$**12**
(2) 右の図で
CD=KO′
$\quad =\sqrt{13^2-(7+2)^2}$
$\quad =\sqrt{88}=$**2$\sqrt{22}$**

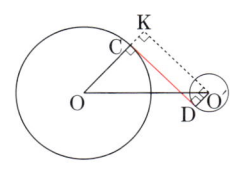

235 $4\times x=6\times 10$ より
$\qquad x=$**15**
$14\times(14+y)=12\times(12+10+6)$ より
$\quad 14(14+y)=12\times 28$
$\qquad y=$**10**
さらに, $z^2=12\times(12+10+6)$, $z>0$ より
$\qquad z=$**$4\sqrt{21}$**

236 PA・PB=$11\times(11+7)=11\times 18=198$
PC・PD=$9\times(9+13)=9\times 22=198$
よって, PA・PB=PC・PD
ゆえに, 方べきの定理の逆より
4点A, B, C, Dは同一円周上にある.

9 図形の性質

60 2円の関係

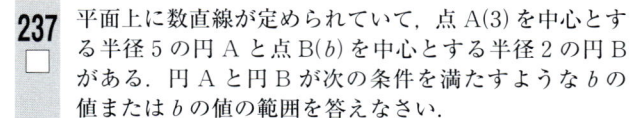

237 平面上に数直線が定められていて，点 A(3) を中心とする半径 5 の円 A と点 B(b) を中心とする半径 2 の円 B がある．円 A と円 B が次の条件を満たすような b の値または b の値の範囲を答えなさい．
(1) 異なる 2 点で交わる．
(2) 外接する．
(3) 内接する．
(4) 共有点をもたない．

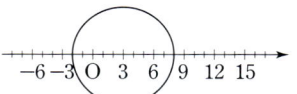

238 問題 **237** の円 A と円 B について，それら 2 円の共通接線が次の条件を満たすような b の値または b の値の範囲を答えなさい．
(1) 共通接線が 4 本存在する．
(2) 共通接線が 3 本存在する．
(3) 共通接線が 2 本存在する．
(4) 共通接線が 1 本存在する．
(5) 共通接線が存在しない．

239 中心 A，半径 a の円，中心 B，半径 b の円，中心 C，半径 c の円がある．円 A と円 B は内接し，円 B と円 C は内接し，円 C と円 A は外接している．AB=3，BC=4，CA=5 のとき，a，b，c を求めなさい．

▶ 2 円が外接：中心間の距離＝半径の和
▶ 2 円が内接：中心間の距離＝半径の差

240 1 辺の長さが 12 の正四面体 ABCD がある．
(1) この正四面体の 4 つの面すべてに接する球を K とする．球 K の半径 R を求めなさい．
(2) この正四面体の 3 つの面に接し，球 K に外接する球 L の半径 r を求めなさい．

方針 断面図をかいて考える．
▶ AH=$\sqrt{12^2-(4\sqrt{3})^2}=4\sqrt{6}$

ANSWER

237
(1) $-4 < b < 0,\ 6 < b < 10$
(2) $b = -4,\ b = 10$
(3) $b = 0,\ b = 6$
(4) $b < -4,\ 0 < b < 6,\ 10 < b$

238
(1) $b < -4,\ 10 < b$
(2) $b = -4,\ b = 10$
(3) $-4 < b < 0,\ 6 < b < 10$
(4) $b = 0,\ b = 6$
(5) $0 < b < 6$

239 条件より
$$\begin{cases} b - a = 3 \\ b - c = 4 \\ c + a = 5 \end{cases}$$
ゆえに，
  $a = 3,\ b = 6,\ c = 2$

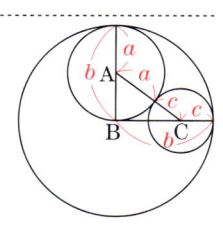

240
(1) 辺 CD の中点を M とする．
右の図で，$\triangle \text{BHK} \sim \triangle \text{AHM}$
であるから，
  $\text{BH} : \text{AH} = \text{HK} : \text{HM}$
  $4\sqrt{3} : 4\sqrt{6} = R : 2\sqrt{3}$
ゆえに， $R = \sqrt{6}$

(2) 球 K と球 L の接点を T とすると，$\text{TH} = 2R = 2\sqrt{6}$ であるから，T は線分 AH の中点である．

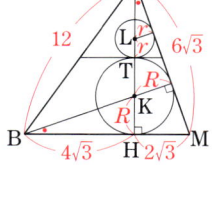

したがって，T を通り $\triangle \text{BCD}$ に平行な平面でこの正四面体を切断すると，頂点 A を含む部分は，1 辺の長さが 6 の正四面体になる．

ゆえに， $r = R \times \dfrac{6}{12} = \sqrt{6} \times \dfrac{1}{2} = \dfrac{\sqrt{6}}{2}$

61 作図

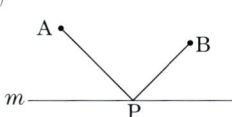

241

(1) 定点 A, B に対して, 折れ線 APB の長さが最小になるような点 P の位置を作図する方法を説明しなさい.

(2) 2 直線 m, n は平行であり, その間隔は d である. 定点 A, B に対して, 折れ線 APQB の長さが最小になるような点 P, Q の位置を作図する方法を説明しなさい.

242 点 A を中心とする半径 R の円 A と点 B を中心とする半径 r の円 B が互いに他の円の外部にある. ただし, $R>r$ とする.

2 円の共通外接線を次のように作図した.

[　　] にあてはまる式を答えなさい.

まず, 点 A を中心とする半径 [　　] の円をかく.

次に, 線分 AB を直径とする円をかく.

そして, これら 2 円の交点の 1 つを K とし, 半直線 AK と円 A との交点を P とする.

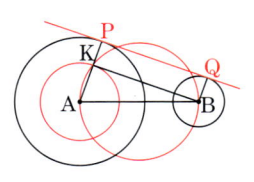

また, 点 B を通り半直線 AK に平行な半直線と円 B との交点を Q とする.

直線 PQ が求める共通外接線のうちの 1 本である.

243 問題 **242** の 2 円 A, B の共通内接線の作図の方法を説明しなさい.

244 与えられた 2 つの正の実数 a, b に対して, $\sqrt{ab}$ を作図する方法を説明しなさい.

241

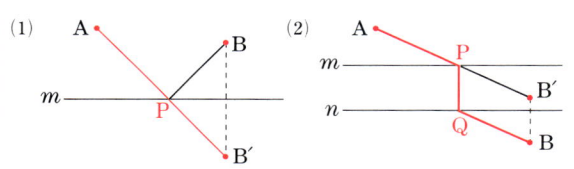

(1) 直線 m に関して,点 B と対称な点を B′ とし,線分 AB′ と直線 m との交点を P とする.

(2) 点 B を直線 n に垂直に d だけ上方に平行移動した点を B′ とし,線分 AB′ と直線 m との交点を P とする.さらに,P を通り直線 m に垂直な直線と直線 n との交点を Q とする.

---

242 $R-r$

---

243 まず,点 A を中心とする半径 $R+r$ の円をかく.次に,線分 AB を直径とする円をかく.そして,これら 2 円の交点の 1 つを K とし,線分 AK と円 A との交点を P とする.また,点 B を通り線分 AK に平行な直線と円 B との交点のうち,直線 AB に関して点 P と反対側にあるものを Q とする.直線 PQ が求める共通内接線のうちの 1 本である.

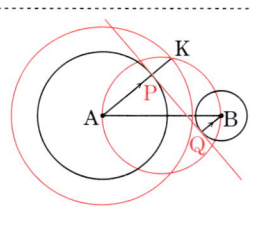

---

244 まず,直線上に 3 点 A,B,C をこの順に AB $=a$,BC $=b$ となるように定める.次に,線分 AC を直径とする半円をかく.そして,点 B を通り線分 AC に垂直な直線と半円との交点を P とする.
このとき,線分 PB の長さが $\sqrt{ab}$ である.

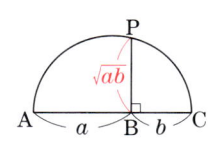

62 空間図形

245 空間内に互いに異なる3つの直線 l, m, n と互いに異なる3つの平面 α, β, γ がある．次の主張について，正しいものには◎を，間違っているものには × をつけなさい．
(1) $l /\!/ m$, $m /\!/ n$ ならば，$l /\!/ n$ である．
(2) $l \perp m$, $m \perp n$ ならば，$l \perp n$ である．
(3) $\alpha \perp \beta$, $\beta \perp \gamma$ ならば，$\alpha \perp \gamma$ である．
(4) $m /\!/ \alpha$, $m /\!/ \beta$ ならば，$\alpha /\!/ \beta$ である．
(5) $\alpha \perp m$, $\alpha \perp n$ ならば，$m /\!/ n$ である．
(6) $\alpha \perp m$, $m \perp n$ ならば，$\alpha /\!/ n$ である．

246 立方体 ABCD－EFGH について，次のことを証明しなさい．
(1) 対角線 AG は，辺 BD に垂直．
(2) 対角線 AG は，三角形 BDE に垂直．

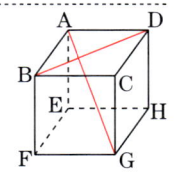

247 多面体の頂点の個数を v，辺の個数を e，面の個数を f とする．正多面体について，次の表を完成しなさい．

	v	e	f	$v-e+f$
正四面体			4	
立方体	8			2
正八面体			8	
正十二面体			12	
正二十面体			20	

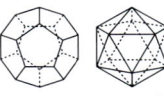

正十二面体　正二十面体

248 立方体 ABCD－EFGH の体積を U とする．
(1) 正四面体 ACFH の体積が V のとき，$U:V$ を求めなさい．
(2) 正四面体 ACFH と正四面体 BDEG との共通部分は正八面体である．その体積が W のとき，$U:W$ を求めなさい．

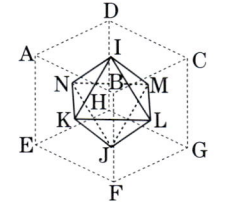

ANSWER

245
(1) ◎ (2) × (3) × (4) ×
(5) ◎ (6) ◎

246
(1) CG⊥面ABCD であるから，　CG⊥BD　……①
また，　AC⊥BD　……②
①，②より，　△ACG⊥BD　ゆえに，AG⊥BD
(2) (1)と同様に，　AG⊥DE
これと(1)より，　AG⊥△BDE

247

	v	e	f	$v-e+f$
正四面体	**4**	**6**	4	**2**
立方体	8	**12**	**6**	2
正八面体	**6**	**12**	8	**2**
正十二面体	**20**	**30**	12	**2**
正二十面体	**12**	**30**	20	**2**

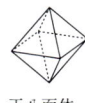

正四面体　正八面体

248
立方体の1辺の長さを a とすると，　$U=a^3$
(1) 四面体 ABCF の体積は，$\dfrac{1}{6}a^3$

よって，　$V=a^3-\dfrac{1}{6}a^3\times 4=\dfrac{1}{3}a^3$

ゆえに，　$U:V=a^3:\dfrac{1}{3}a^3=\mathbf{3:1}$

(2) 正四面体 ACFH と正四面体 BDEG との共通部分である正八面体は，立方体の6つの面の中心 I, J, K, L, M, N を結んでできる正八面体である．その体積は，1辺の長さが $\dfrac{\sqrt{2}}{2}a$ の正方形 KLMN を底面とし，高さが $\dfrac{1}{2}a$ の四角錐の体積の2倍であり，

$$W=\dfrac{1}{3}\cdot\left(\dfrac{\sqrt{2}}{2}a\right)^2\cdot\dfrac{1}{2}a\times 2=\dfrac{1}{6}a^3$$

ゆえに，　$U:W=a^3:\dfrac{1}{6}a^3=\mathbf{6:1}$

必ず覚える公式

■ 2次方程式

2次方程式の解の公式

$ax^2+bx+c=0$ の解は $x=\dfrac{-b\pm\sqrt{b^2-4ac}}{2a}$

$ax^2+2Bx+c=0$ の解は $x=\dfrac{-B\pm\sqrt{B^2-ac}}{a}$

■ 三角比

三角比の相互関係

$$\tan A=\frac{\sin A}{\cos A}, \quad \sin^2 A+\cos^2 A=1,$$

$$1+\tan^2 A=\frac{1}{\cos^2 A}$$

正弦定理 $\dfrac{a}{\sin A}=\dfrac{b}{\sin B}=\dfrac{c}{\sin C}=2R$

余弦定理 $a^2=b^2+c^2-2bc\cos A$,

$$\cos A=\frac{b^2+c^2-a^2}{2bc}$$

■ 順列・組合せ

順列 ${}_n\mathrm{P}_r=n(n-1)(n-2)\cdots(n-r+1)=\dfrac{n!}{(n-r)!}$

組合せ ${}_n\mathrm{C}_r=\dfrac{n(n-1)(n-2)\cdots(n-r+1)}{r(r-1)(r-2)\cdots 3\cdot 2\cdot 1}=\dfrac{n!}{r!(n-r)!}$

同じものを含む順列 n個のもののうちでp個は同じもの，q個は別の同じもの，r個はさらに別の同じものであるとき，これらのn個のもの全部でつくられる順列の数は

$$\frac{n!}{p!\,q!\,r!} \quad (p+q+r=n)$$

STANDARD EXERCISE
I · A 88

MATHEMATICS

1 数と式 　　　　　　　　　　標準問題

249 $(x^4+2x-3)^2(x^5-x+4)^3$ を展開したときの x^2 の係数を求めなさい．

方針 必要な部分のみ展開する．

- x^2 の係数を求めるのであるから，x^3，x^4，…などの項は不要である．
- $(x^4+2x-3)^2=\{x^4+(2x-3)\}^2$
  $(x^5-x+4)^3=\{x^5-(x-4)\}^3$

250 次の式を展開しなさい．
$(a+b+c)^2-(-a+b+c)^2+(a-b+c)^2-(a+b-c)^2$

方針 2項ずつ組にする．

- ふつうに展開してもよいが，2項ずつ2組に分けて因数分解するつもりで変形する．
- $A^2-B^2+C^2-D^2=(A+B)(A-B)+(C+D)(C-D)$

249

$(x^4+2x-3)^2 = \{x^4+(2x-3)\}^2$
$\qquad = x^8+2x^4(2x-3)+(2x-3)^2$
$\qquad = (4 次以上の式)+4x^2-12x+9$
$(x^5-x+4)^3 = \{x^5-(x-4)\}^3$
$\qquad = (5 次以上の式)-(x-4)^3$
$\qquad = (5 次以上の式)-x^3+12x^2-48x+64$

結局,与えられた式を展開したときの x^2 の係数は

$\qquad (4x^2-12x+9)(12x^2-48x+64)$ ……①

を展開したときの x^2 の係数に等しく

$\qquad 4\times 64+(-12)\times(-48)+9\times 12$
$\qquad = 256+576+108 = \mathbf{940}$

(参考) ①を

$\qquad 4(4x^2-12x+9)(3x^2-12x+16)$

と変形しておけば,x^2 の係数は

$\qquad 4\{4\times 16+(-12)\times(-12)+9\times 3\}$
$\qquad = 4(64+144+27) = 4\times 235 = \mathbf{940}$

のように計算することもできる.

250

$(a+b+c)^2-(-a+b+c)^2$
$= \{(a+b+c)+(-a+b+c)\}\{(a+b+c)-(-a+b+c)\}$
$= (2b+2c)\cdot 2a = 4ab+4ac$
$(a-b+c)^2-(a+b-c)^2$
$= \{(a-b+c)+(a+b-c)\}\{(a-b+c)-(a+b-c)\}$
$= 2a\cdot(-2b+2c) = -4ab+4ac$

ゆえに,　　与式 $= \mathbf{8ac}$

(参考) ふつうに展開すると,次のようになる.

$\begin{array}{rl} (a+b+c)^2 = & a^2+b^2+c^2+2ab+2bc+2ca \\ -(-a+b+c)^2 = & -a^2-b^2-c^2+2ab-2bc+2ca \\ (a-b+c)^2 = & a^2+b^2+c^2-2ab-2bc+2ca \\ +)\quad -(a+b-c)^2 = & -a^2-b^2-c^2-2ab+2bc+2ca \\ \hline 与式 \qquad = & \mathbf{8ac} \end{array}$

251 次の式を展開しなさい．
(1) $(a+2b)^3$
(2) $(3a-2b)^3$
(3) $(x-y)^3(x+y)^3$

方針 公式を利用して展開する．

▶ $(a+b)^3 = a^3 + 3a^2b + 3ab^2 + b^3$
$(a-b)^3 = a^3 - 3a^2b + 3ab^2 - b^3$

方針 積の順序をくふうする．

▶ $A^3B^3 = (AB)^3$

(参考) $(a+b)^n$ を展開するとき，次のパスカルの三角形を利用するとよい．

```
              1
            1   1
          1   2   1
        1   3   3   1
      1   4   6   4   1
    1   5  10  10   5   1
  1   6  15  20  15   6   1
1   7  21  35  35  21   7   1
```

252 次の式を因数分解しなさい．
(1) $a^3 + 8b^3$
(2) $64a^3 - 27b^3$
(3) $24x^3 - 81y^3$
(4) $a^3 + b^3 - c^3 + 3abc$

▶ $a^3 + b^3 = (a+b)(a^2 - ab + b^2)$
$a^3 - b^3 = (a-b)(a^2 + ab + b^2)$

(参考) $x^3 + y^3 = (x+y)^3 - 3xy(x+y)$
$a^3 + b^3 + c^3 - 3abc$
$= (a+b+c)(a^2+b^2+c^2-ab-bc-ca)$

251
(1) $(a+2b)^3 = a^3+3\cdot a^2\cdot 2b+3\cdot a\cdot(2b)^2+(2b)^3$
$= \boldsymbol{a^3+6a^2b+12ab^2+8b^3}$
(2) $(3a-2b)^3 = (3a)^3-3\cdot(3a)^2\cdot 2b+3\cdot 3a\cdot(2b)^2-(2b)^3$
$= \boldsymbol{27a^3-54a^2b+36ab^2-8b^3}$
(3) $(x-y)^3(x+y)^3 = \{(x-y)(x+y)\}^3$
$= (x^2-y^2)^3$
$= \boldsymbol{x^6-3x^4y^2+3x^2y^4-y^6}$

(参考) $(a+b)^2 = a^2+2ab+b^2$
$(a+b)^3 = a^3+3a^2b+3ab^2+b^3$
$(a+b)^4 = a^4+4a^3b+6a^2b^2+4ab^3+b^4$
$(a+b)^5 = a^5+5a^4b+10a^3b^2+10a^2b^3+5ab^4+b^5$

252
(1) $a^3+8b^3 = a^3+(2b)^3$
$= (a+2b)\{a^2-a\cdot 2b+(2b)^2\}$
$= \boldsymbol{(a+2b)(a^2-2ab+4b^2)}$
(2) $64a^3-27b^3 = (4a)^3-(3b)^3$
$= \boldsymbol{(4a-3b)(16a^2+12ab+9b^2)}$
(3) $24x^3-81y^3 = 3(8x^3-27y^3) = 3\{(2x)^3-(3y)^3\}$
$= \boldsymbol{3(2x-3y)(4x^2+6xy+9y^2)}$
(4) $a^3+b^3-c^3+3abc = (a+b)^3-3ab(a+b)-c^3+3abc$
$= \{(a+b)^3-c^3\}+\{-3ab(a+b)+3abc\}$
$= (a+b-c)\{(a+b)^2+(a+b)\cdot c+c^2\}-3ab(a+b-c)$
$= (a+b-c)(a^2+2ab+b^2+ac+bc+c^2-3ab)$
$= \boldsymbol{(a+b-c)(a^2+b^2+c^2-ab+bc+ca)}$

1 数と式　標準問題

253 次の式を因数分解しなさい.
$$3abx^{10}+9abx^6-12abx^2$$

方針 さらに分解できる式は，途中でやめないで最後まで分解する．

- ▶ 共通因数の $3abx^2$ をくくり出し，x^4 をひとかたまりと考える．
- ▶ x^4+4 は，さらに因数分解できる．

---

254 $a+b+c=0$ のとき，$a^3+b^3+c^3=3abc$ が成り立つ．このことを利用して，次の式を因数分解しなさい．
$$(x-y)^3+(y-z)^3+(z-x)^3$$

方針 a, b, c に相当する式を発見する．

- ▶ 誘導のとおり，$a+b+c=0$ となる a, b, c をみつける．なお，問題 **252**(4)，問題 **258** 参照．
- ▶ $a=x-y$, $b=y-z$, $c=z-x$ とおくと，
$$\begin{aligned}a+b+c&=(x-y)+(y-z)+(z-x)\\&=0\end{aligned}$$
- ★ すべて展開してから因数分解することもできるが，上の方法のほうが速くて正確である．

253

$$3abx^{10}+9abx^6-12abx^2$$
$$=3abx^2(x^8+3x^4-4)$$
$$=3abx^2(x^4-1)(x^4+4)$$
$$=3abx^2\{(x^2)^2-1^2\}\{(x^4+4x^2+4)-4x^2\}$$
$$=3abx^2(x^2-1)(x^2+1)\{(x^2+2)^2-(2x)^2\}$$
$$=\boldsymbol{3abx^2(x-1)(x+1)(x^2+1)(x^2+2x+2)(x^2-2x+2)}$$

---

254 $x-y=a$, $y-z=b$, $z-x=c$ とおくと
$$a+b+c=(x-y)+(y-z)+(z-x)=0$$
となるので, $a^3+b^3+c^3=3abc$ が成り立つ.
ゆえに,
$$(x-y)^3+(y-z)^3+(z-x)^3=\boldsymbol{3(x-y)(y-z)(z-x)}$$

(参考)　すべて展開してから因数分解すると, 次のようになる.

$$(x-y)^3=x^3-3x^2y+3xy^2-y^3$$
$$(y-z)^3=y^3-3y^2z+3yz^2-z^3$$
$$+\underline{)(z-x)^3=z^3-3z^2x+3zx^2-x^3}$$
$$\begin{aligned}与式&=-3x^2y+3xy^2-3y^2z+3yz^2-3z^2x+3zx^2\\&=3\{(y-x)z^2+(x^2-y^2)z-xy(x-y)\}\\&=-3(x-y)\{z^2-(x+y)z+xy\}\\&=-3(x-y)(z-x)(z-y)\\&=\boldsymbol{3(x-y)(y-z)(z-x)}\end{aligned}$$

255

x がすべての実数値をとりながら変化するとき,次の関数の最小値を求めなさい.

$$y=\sqrt{x^2+4x+4}+2\sqrt{x^2-6x+9}$$

方針 場合分けすることにより,簡単な形になおす.

▶ $\sqrt{A^2}=|A|$ （$\sqrt{A^2}=A$ としてはいけない）

▶ $|x-a|=\begin{cases} x-a & (x\geqq a \text{ のとき}) \\ -x+a & (x<a \text{ のとき}) \end{cases}$

▶ たとえば $y=|x-1|+2|x-2|$ は次のようになる.

x	$x<1$	$1\leqq x<2$	$2\leqq x$
$\|x-1\|$	$-x+1$	$x-1$	$x-1$
$\|x-2\|$	$-x+2$	$-x+2$	$x-2$
y	$-3x+5$	$-x+3$	$3x-5$

256

$\dfrac{4}{3-\sqrt{5}}$ の整数部分を a,小数部分を b とするとき,次の式の値を求めなさい.

$$\frac{1}{a+b-1}+\frac{1}{b}$$

方針 まず,a,b の値を求める.

▶ 分母を有理化し,$\sqrt{5}=2.23\cdots$ であることを利用して,まず a の値を求める.次に,全体の値から a を引いて b の値を求める.

▶ $a+b$ の値は,a,b の値が決まらなくても求めることができる.

255

$\sqrt{x^2+4x+4} = \sqrt{(x+2)^2} = |x+2|$

$\sqrt{x^2-6x+9} = \sqrt{(x-3)^2} = |x-3|$

$|x+2| = \begin{cases} x+2 & (x \geq -2 \text{ のとき}) \\ -x-2 & (x < -2 \text{ のとき}) \end{cases}$

$|x-3| = \begin{cases} x-3 & (x \geq 3 \text{ のとき}) \\ -x+3 & (x < 3 \text{ のとき}) \end{cases}$

よって,この関数は

$x < -2$ のとき,$y = (-x-2) + 2(-x+3) = -3x+4$

$-2 \leq x < 3$ のとき,$y = (x+2) + 2(-x+3) = -x+8$

$3 \leq x$ のとき,$y = (x+2) + 2(x-3) = 3x-4$

したがって,この関数は

$\quad x < 3$ のとき減少し,$3 \leq x$ のとき増加する

ので,$x = 3$ のとき最小で,最小値は

$$3 \times 3 - 4 = \color{red}{5}$$

256

$$\frac{4}{3-\sqrt{5}} = \frac{4(3+\sqrt{5})}{(3-\sqrt{5})(3+\sqrt{5})} = 3+\sqrt{5}$$

ここで,$\sqrt{5} = 2.23\cdots$ であることから

$$3+\sqrt{5} = 5.23\cdots$$

よって,$\quad a = 5$

$\quad b = (3+\sqrt{5}) - 5$

$\quad \quad = \sqrt{5} - 2$

したがって,

$$\frac{1}{a+b-1} + \frac{1}{b} = \frac{1}{3+\sqrt{5}-1} + \frac{1}{\sqrt{5}-2}$$

$$= \frac{1}{\sqrt{5}+2} + \frac{1}{\sqrt{5}-2}$$

$$= \frac{\sqrt{5}-2+\sqrt{5}+2}{(\sqrt{5}+2)(\sqrt{5}-2)}$$

$$= \color{red}{2\sqrt{5}}$$

1 数と式 標準問題

257 $x=\sqrt{3+\sqrt{5}}$, $y=\sqrt{3-\sqrt{5}}$ のとき,次の式の値を求めなさい.

(1) $\dfrac{x}{y}+\dfrac{y}{x}$ (2) $x-y$

方針 まず,x^2+y^2, xy の値を求めることを考える.

▶(1) 通分して計算し,x^2+y^2, xy の値を代入する.
(2) $(x-y)^2$ を求める.
このとき,(1)で求めた x^2+y^2, xy の値を用いることができる.

★ $\sqrt{3+\sqrt{5}}=\dfrac{\sqrt{6+2\sqrt{5}}}{\sqrt{2}}=\dfrac{\sqrt{5}+1}{\sqrt{2}}=\dfrac{\sqrt{10}+\sqrt{2}}{2}$

のように計算をすすめることもできる.

---

258 $x+y+z=1$, $x^2+y^2+z^2=47$, $xyz=-25$ のとき,次の式の値を求めなさい.

(1) $xy+yz+zx$ (2) $x^3+y^3+z^3$
(3) $x^4+y^4+z^4$

方針 (2), (3)は基本対称式

$$x+y+z,\ xy+yz+zx,\ xyz$$

で表すことを考える.

▶ $x^3+y^3+z^3-3xyz$
$=(x+y+z)(x^2+y^2+z^2-xy-yz-zx)$
$x^4+y^4+z^4=(x^2+y^2+z^2)^2-2(x^2y^2+y^2z^2+z^2x^2)$
$x^2y^2+y^2z^2+z^2x^2=(xy+yz+zx)^2-2xyz(x+y+z)$

257

(1) $\dfrac{x}{y}+\dfrac{y}{x}=\dfrac{x^2+y^2}{xy}$

ここで,
$$x^2+y^2=(3+\sqrt{5})+(3-\sqrt{5})=6$$
$$xy=\sqrt{(3+\sqrt{5})(3-\sqrt{5})}=\sqrt{4}=2$$

したがって, $\dfrac{x}{y}+\dfrac{y}{x}=\dfrac{6}{2}=\mathbf{3}$

(2) $(x-y)^2=x^2-2xy+y^2=(x^2+y^2)-2xy$
$\qquad =6-2\times 2$
$\qquad =2$

ここで, $x>y$ であるから, $x-y>0$

ゆえに, $x-y=\mathbf{\sqrt{2}}$

258

(1) $(x+y+z)^2=x^2+y^2+z^2+2(xy+yz+zx)$ より
$$1^2=47+2(xy+yz+zx)$$

よって, $xy+yz+zx=\mathbf{-23}$

(2) $x^3+y^3+z^3-3xyz$
$=(x+y+z)(x^2+y^2+z^2-xy-yz-zx)$ より
$$x^3+y^3+z^3-3\times(-25)=1\times\{47-(-23)\}$$

よって, $x^3+y^3+z^3=70-75=\mathbf{-5}$

(3) $x^4+y^4+z^4=(x^2+y^2+z^2)^2-2(x^2y^2+y^2z^2+z^2x^2)$

ここで,
$(xy+yz+zx)^2$
$=x^2y^2+y^2z^2+z^2x^2+2xy^2z+2xyz^2+2x^2yz$
$=x^2y^2+y^2z^2+z^2x^2+2xyz(x+y+z)$

であるから
$x^2y^2+y^2z^2+z^2x^2$
$=(xy+yz+zx)^2-2xyz(x+y+z)$
$=(-23)^2-2\times(-25)\times 1=579$

ゆえに, $x^4+y^4+z^4=47^2-2\times 579$
$\qquad\qquad =2209-1158=\mathbf{1051}$

2 1次不等式　　　　　　　標準問題

259 a, b, c, d を実数とするとき,次の設問に答えなさい.
(1) $a<b,\ c<d$ ならば $a+c<b+d$ が成り立つ.このことを簡潔に説明しなさい.
(2) $a<b,\ c<d$ であっても $a-c<b-d$ が成り立つとは限らない.反例を1組挙げなさい.

方針 不等式の基本性質を利用する.

▶〔1〕2つの実数 $a,\ b$ について,
$$a<b,\ a=b,\ a>b$$
のうちのいずれか1つのみが成り立つ.
〔2〕$a<b,\ b<c$ ならば $a<c$
〔3〕$a<b$ ならば $a+c<b+c$
〔4〕$a<b,\ c>0$ ならば $ac<bc$
　　$a<b,\ c<0$ ならば $ac>bc$

▶(1)のように,2つの不等式を辺々たしてもよいが,辺々引いてはいけない.

---

260 次の不等式を解きなさい.
$$2|x+1|+|x-2|<-x+6$$

方針 場合分けをして,絶対値記号をはずす.

▶ $x\leqq -1,\ -1\leqq x\leqq 2,\ 2\leqq x$ の3つの場合に分けて考える.

▶ $y=2|x+1|+|x-2|$ と $y=-x+6$ のグラフは下図のようになる.

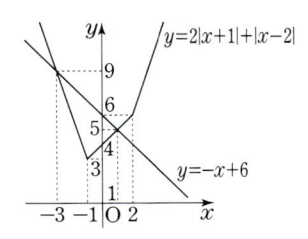

2 1次不等式 標準問題

259

(1) $a<b$ の両辺に c を加えて
$$a+c<b+c \quad \cdots\cdots ①$$
$c<d$ の両辺に b を加えて
$$b+c<b+d \quad \cdots\cdots ②$$
①, ②より
$$a+c<b+d$$

(2) $a=5$, $b=6$, $c=1$, $d=9$ とすると
$a<b$, $c<d$ はともに成り立っているが
$$a-c=4, \quad b-d=-3$$
であるから, $a-c<b-d$ は成り立たない.

260

(ア) $x \leq -1 \quad \cdots\cdots ①$ のとき, 与えられた不等式より,
$-2(x+1)-(x-2)<-x+6$
$-2x<6$
$\quad x>-3 \qquad\qquad\qquad \cdots\cdots ②$
①, ②より, $-3<x\leq -1 \qquad \cdots\cdots ③$

(イ) $-1\leq x\leq 2 \quad \cdots\cdots ④$ のとき, 与えられた不等式より,
$2(x+1)-(x-2)<-x+6$
$2x<2$
$\quad x<1 \qquad\qquad\qquad \cdots\cdots ⑤$
④, ⑤より, $-1\leq x<1 \qquad \cdots\cdots ⑥$

(ウ) $2\leq x \quad \cdots\cdots ⑦$ のとき, 与えられた不等式より,
$2(x+1)+(x-2)<-x+6$
$4x<6$
$\quad x<\dfrac{3}{2} \qquad\qquad\qquad \cdots\cdots ⑧$
⑦, ⑧より, 解なし $\qquad\qquad \cdots\cdots ⑨$

③, ⑥, ⑨より,
$$-3<x<1$$

261 次の3つの実数を小さい順に並べなさい．
$$\sqrt{21},\ 2+\sqrt{7},\ \sqrt{3}+2\sqrt{2}$$

方針 すべて正の数であるから，平方して比べる．

▶ a, b とも正の数であるとき，
$$a<b \iff \sqrt{a}<\sqrt{b}$$

262 35人のクラスから2人の委員を選出することになった．A，B，C，D，Eの5人の立候補者に対して，全員が1人1票ずつ投票するとき，Aは少なくとも何票獲得すれば当選するか求めなさい．もちろん，無効票はないものとする．

方針 獲得票数でAが上位2位以内にはいればよいと考えて，不等式を立てる．

▶ A，Bの票数をそれぞれ x 票，y 票とすると，他の3人の票数の合計は $35-x-y$（票）である．

261

3つの数はすべて正の数であるから,平方して比較する.
$$(\sqrt{21})^2 = 21$$
$$(2+\sqrt{7})^2 = 11+4\sqrt{7} = 11+2\sqrt{28}$$
$$(\sqrt{3}+2\sqrt{2})^2 = 11+4\sqrt{6} = 11+2\sqrt{24}$$
また, $21 = 11+10 = 11+2\sqrt{25}$
ゆえに,

$$\boldsymbol{\sqrt{3}+2\sqrt{2} < \sqrt{21} < 2+\sqrt{7}}$$

(参考)
$$\sqrt{21} = 4.582575694\cdots\cdots$$
$$2+\sqrt{7} = 4.645751311\cdots\cdots$$
$$\sqrt{3}+2\sqrt{2} = 4.560477932\cdots\cdots$$

262

A,B が上位 2 人であるとし,
$$\text{Aの票数を } x \text{ 票},\ \text{Bの票数を } y \text{ 票}$$
とすると,他の 3 人の票数の合計は
$$35-x-y \text{ 票 である.}$$
まず,A が 1 位であるとすると
$$x \geqq y > 35-x-y \quad \cdots\cdots ①$$
すなわち $x \geqq y \quad \cdots\cdots ②$ かつ $y > 35-x-y \quad \cdots\cdots ③$
③より $\quad 2y > 35-x \quad \cdots\cdots ④$
また,②より $\quad 2x \geqq 2y \quad \cdots\cdots ⑤$
④,⑤より, $\quad 2x > 35-x$
$$3x > 35$$
$$x > \frac{35}{3} = 11.66\cdots\cdots$$
したがって, $x \geqq 12$
次に,A の票数が $x=11$ であるとすると,残りの票数は $35-11=24$ 票で,たとえば B と C が 12 票ずつ獲得すると A は当選できなくなってしまう.
以上より, **A は少なくとも 12 票必要**である.

3 集合と論理　　標準問題

263 次の文中の ☐ に当てはまる語句を，下の①〜④のうちから選びなさい．

(1) 集合 A, B について，$A \cup B = A$ は $A \cap B = B$ であるための ☐．

(2) 整数 n について，n^2 が 12 の倍数であることは，n が 12 の倍数であるための ☐．

(3) 三角形 T の内接円の中心と外接円の中心が一致することは，T が正三角形であるための ☐．

(4) 実数 a, b, c について，$|a+b+c|=|a|+|b|+|c|$ は $ab+bc+ca \geqq 0$ であるための ☐．

① 必要十分条件である．
② 必要条件であるが，十分条件ではない
③ 十分条件であるが，必要条件ではない
④ 必要条件でも十分条件でもない

264 3 つの実数 a, b, c が
$$a+b+c>0, \quad ab+bc+ca>0, \quad abc>0$$
を満たすとき，
$$a>0, \quad b>0, \quad c>0$$
であることを証明しなさい．

方針 $abc>0$ をもとにして，a, b, c の符号に着目する．

▶ たとえば，$a>0$, $b<0$, $c<0$ として矛盾を導く．

3 集合と論理 標準問題 | 149

A N S W E R

263
(1) $A \cup B = A \iff A \supset B$
$A \cap B = B \iff A \supset B$
よって，　①
(2) n が 12 の倍数ならば n^2 も 12 の倍数である．
ところが，$n=6$ とすると n は 12 の倍数ではないが，n^2 は 12 の倍数になる．
よって，　②
(3) ①
(4) $|a+b+c| = |a|+|b|+|c|$
$\iff a \geq 0,\ b \geq 0,\ c \geq 0$ または，$a \leq 0,\ b \leq 0,\ c \leq 0$
よって，このとき $ab+bc+ca \geq 0$ は成り立つ．
ところが，$a=2,\ b=3,\ c=-1$ とすると
$ab+bc+ca \geq 0$ であるが，
$$|a+b+c| \neq |a|+|b|+|c|$$
よって，　③

264
$a>0,\ b>0,\ c>0$ でないと仮定すると，
$abc>0$ より
　　　$a,\ b,\ c$ の 1 つが正，他の 2 つが負
の場合しかない．
ところが，このとき，たとえば
　　　$a>0,\ b<0,\ c<0$
とすると，$b=-B,\ c=-C$ とおけば $B>0,\ C>0$ となり，これを与えられた不等式に代入すると
　　　$a-B-C>0,\quad -aB+BC-Ca>0$
すなわち $a>B+C$ ……①，$BC>a(B+C)$ ……②
①の両辺に正の数 $B+C$ をかけて $a(B+C)>(B+C)^2$
これと②より，$BC>(B+C)^2$
$$B^2+BC+C^2<0 \quad \left(B+\frac{1}{2}C\right)^2+\frac{3}{4}C^2<0$$
となり，矛盾を生ずる．
ゆえに，
　　　$a>0,\ b>0,\ c>0$
が成り立たなければならない．

265 自然数 a, b, c について，$a^2+b^2=c^2$ が成り立つならば，a, b, c のうちの少なくとも1つは偶数であることを証明しなさい．

方針 背理法を利用する．

▶ a, b, c がすべて奇数であると仮定すると，矛盾が生ずることを示す．

(参考)　自然数 a, b, c に共通の素因数がないときには，$a^2+b^2=c^2$ が成り立つならば，次のことが成り立つことが知られている．
(1) a, b の一方が偶数，他方が奇数で，c は奇数である．
(2) a, b の一方が3の倍数であり，他方は3の倍数ではない．
c は3の倍数ではない．
(3) a, b, c のうち，1つだけが5の倍数である．

---

266 次の (K_5) が成り立つことを証明しなさい．
(K_5)　異なる5個の自然数 a, b, c, d, e がある．このとき，これら5個の自然数から1個以上5個以下の数を選び，それらの和が5の倍数になるようにできる．

方針 部屋割り論法を利用する．

▶ n 個の部屋に $n+1$ 人を入れるとき，少なくとも1つの部屋には，2人以上が入る．

▶ a, $a+b$, $a+b+c$, $a+b+c+d$, $a+b+c+d+e$ をつくり，これらを5で割った余りについて考える．

(参考)　一般に，次の K_n が成り立つ．
(K_n)　異なる n 個の自然数がある．このとき，これら n 個の自然数から1個以上 n 個以下の数を選び，それらの和が n の倍数になるようにできる．

265

a, b, c がすべて奇数であると仮定すると,
$$a=2p+1, \ b=2q+1, \ c=2r+1$$
と表すことができる. ここで, p, q, r は整数である.
このとき,
$$\begin{aligned}a^2+b^2&=(2p+1)^2+(2q+1)^2\\&=2(2p^2+2q^2+2p+2q+1)\\c^2&=(2r+1)^2\\&=2(2r^2+2r)+1\end{aligned}$$
となり, a^2+b^2 は偶数, c^2 は奇数であるから,
$a^2+b^2=c^2$ が成り立つことはない.
ゆえに, $a^2+b^2=c^2$ が成り立つならば,
　　a, b, c のうちの少なくとも1つは偶数である.

266

5個の自然数 a, b, c, d, e に対して,
$$\begin{aligned}P&=a\\Q&=a+b\\R&=a+b+c\\S&=a+b+c+d\\T&=a+b+c+d+e\end{aligned}$$
をつくる.

(ア) P, Q, R, S, T の中に, 5の倍数があれば, 確かに (K_5) が成り立つ.

(イ) P, Q, R, S, T の中に, 5の倍数がないとき,
P, Q, R, S, T を5で割った余りを, 順に
p, q, r, s, t とすると, これらの値は
1, 2, 3, 4 の4通りのうちのどれかである.
よって, p, q, r, s, t のうちで同じ値であるものが,
少なくとも1組存在する.
よって, P, Q, R, S, T の中に, 5で割った余りが一致するものが少なくとも1組存在する.
したがって, その1組について, それらの差をつくれば,
その値は5の倍数になる.
たとえば, $q=t$ であるとすれば, $T-Q=c+d+e$ が5の倍数である.
ゆえに, (K_5) が成り立つ.

4 2次関数　　　標準問題

267 2次関数 $y=ax^2+bx+c$ のグラフを，x 軸方向に 3，y 軸方向に -2 平行移動し，さらに直線 $y=4$ に関して対称移動したところ，2次関数 $y=2x^2$ のグラフに一致した．定数 a，b，c の値を求めなさい．

方針 $y=2x^2$ **のグラフから出発して，逆に考える．**

▶ $y=2x^2$ のグラフを直線 $y=4$ に関して対称移動し，さらに x 軸方向に -3，y 軸方向に 2 平行移動したものが $y=ax^2+bx+c$ のグラフである．

```
グラフの平行移動
```
$$y=f(x) \quad \xrightarrow[y軸方向に\ q]{x軸方向に\ p} \quad y-q=f(x-p)$$

---

268 2次関数 $y=ax^2+bx+c$ のグラフは右図のようになる．このとき，次の値は正か0か負か判定しなさい．
(1) a　　(2) b　　(3) c
(4) b^2-4ac　　(5) $a+b+c$
(6) $a-b+c$

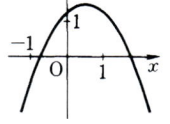

方針 c **は y 切片から，a は上に凸か下に凸かで判定する．**

b **は軸 $x=-\dfrac{b}{2a}$ から判定する．**

$D=b^2-4ac$ **は x 軸との共有点の有無から判定する．**

▶ $f(x)=ax^2+bx+c$ とおくと
$$f(1)=a+b+c$$
$$f(-1)=a-b+c$$

267 $y=2x^2$ のグラフを直線 $y=4$ に関して対称移動すると，$y=-2x^2+8$ のグラフになる．
このグラフを x 軸方向に -3，y 軸方向に 2 平行移動したグラフの式は
$$y-2=-2(x+3)^2+8$$
$$y=-2x^2-12x-8$$
ゆえに，
$a=-2$，$b=-12$，$c=-8$

---

268 (1) グラフは上に凸の放物線であるから，**$a<0$**

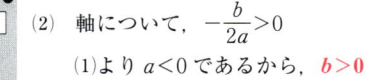

(2) 軸について，$-\dfrac{b}{2a}>0$

(1)より $a<0$ であるから，**$b>0$**

(3) y 切片を調べて，**$c>0$**

(4) グラフと x 軸とは，異なる2点で交わっているから
$b^2-4ac>0$

(5) $f(x)=ax^2+bx+c$ とおくと
$$f(1)=a+b+c$$
すなわち，$a+b+c$ は，$x=1$ のときの y の値である．グラフより，$x=1$ のとき $y>0$ であるから
$a+b+c>0$

(6) (5)と同様に
$$f(-1)=a-b+c$$
であることを利用して
$a-b+c<0$

269 2次関数 $y=ax^2+bx+c$ のグラフは，2点 $(3, 1)$, $(6, 4)$ を通り x 軸に接している．
定数 a, b, c の値を求めなさい．

方針 x 軸に接するという条件から出発する．

▶ $y=a(x-p)^2$ とおいて，2点の座標を代入する．

---

270 2次関数 $y=ax^2+bx+c$ の最小値は -1 で，この関数のグラフと直線 $y=4x-5$ とは点 $(2, 3)$ で接している．
定数 a, b, c の値を求めなさい．

方針 点 $(2, 3)$ で接するという条件から出発する．

▶ $y=ax^2+bx+c$ と $y=4x-5$ より
$$ax^2+(b-4)x+(c+5)=0$$
これが $x=2$ を重解にもつと考える．

▶ $ax^2+bx+c-(4x-5)=a(x-2)^2$
とおいて，b, c を a で表す．

▶ 平方完成し，最小値 -1 より a を求める．

269 グラフが x 軸に接するので，x^2 の係数が a であることも考慮して
$$y=a(x-p)^2$$
とおくことができる．このグラフが
　　点 $(3,\ 1)$ を通るから，$1=a(3-p)^2$ ……①
　　点 $(6,\ 4)$ を通るから，$4=a(6-p)^2$ ……②
①×4 と②を比較して
$$4a(3-p)^2=a(6-p)^2$$
$a\neq 0$ より　　$4(3-p)^2=(6-p)^2$
$$3p^2-12p=0,\ 3p(p-4)=0$$
$$p=0,\ 4$$
①に代入して，$p=0$ のとき，$a=\dfrac{1}{9}$
　　　　　　　$p=4$ のとき，$a=1$
ゆえに，$y=\dfrac{1}{9}x^2,\ y=(x-4)^2=x^2-8x+16$

すなわち，　**$a=\dfrac{1}{9},\ b=0,\ c=0$**

または，　　**$a=1,\ b=-8,\ c=16$**

---

270 2つのグラフは点 $(2,\ 3)$ で接するから
$$ax^2+bx+c-(4x-5)=a(x-2)^2$$
とおくことができる．よって，
$$ax^2+bx+c=a(x-2)^2+(4x-5)$$
$$=ax^2-2(2a-2)x+(4a-5)$$
$$=a\left\{x-\dfrac{2a-2}{a}\right\}^2-\dfrac{(2a-2)^2}{a}+4a-5$$
最小値が -1 であるから，$a>0$ であって
$$-\dfrac{(2a-2)^2}{a}+4a-5=-1,\ 4a-4=\dfrac{4(a-1)^2}{a}$$
$$a(a-1)=(a-1)^2$$
よって，$a=1$
このとき，$ax^2+bx+c=(x-2)^2+(4x-5)=x^2-1$
ゆえに，**$a=1,\ b=0,\ c=-1$**

271 x, y が $2x+y=2$ を満たしながら変化するとき，$2x^2-y^2$ の最大値・最小値について調べなさい．

方針 x, y の一方を消去する．

▶ $y=-2x+2$ を代入して y を消去するほうが簡単．

★ x, y には他に制限はないので，x はすべての実数値をとる．また，最大値・最小値の両方が存在するとは限らない．

272 x, y がすべての実数値をとりながら変化するとき，
$$4x^2-12xy+10y^2+8y+21$$
の最小値を求めなさい．また，そのときの x, y の値を求めなさい．

方針 2変数の一方を固定して，他方を変化させる．

▶ y を定数とみなし，x の2次関数として平方完成する．さらに，その定数項を y の関数と考えて平方完成する．

★ $(ax+by)^2+(cy+d)^2+e \geqq e$

271

$2x+y=2$ より $y=-2x+2$
代入して
$$2x^2-y^2=2x^2-(-2x+2)^2$$
$$=-2x^2+8x-4$$
$$=-2(x-2)^2+4$$
x はすべての実数をとりうるので,
　　　最大値　4　（$x=2$, $y=-2$ のとき）
　　　最小値　なし

272

$$4x^2-12xy+10y^2+8y+21$$
$$=(4x^2-12xy+9y^2)+y^2+8y+21$$
$$=(2x-3y)^2+(y+4)^2+5$$
ここで，$(2x-3y)^2≧0$, $(y+4)^2≧0$ であるから
$$4x^2-12xy+10y^2+8y+21≧5$$
すなわち，求める最小値は
　　　　　　5
である．
また，このとき
　　　　　$2x-3y=0$　かつ　$y+4=0$
を満たす x, y を求めると
　　　　　　$x=-6$, $y=-4$

273

関数 $y=(x^2-2x+3)^2+2(x^2-2x+3)+5$ の最小値を求めなさい.

方針 $t=x^2-2x+3$ とおいて，t の2次関数と考える.

▶ x はすべての実数値をとりうるが，t には自動的に変域の制限ができる.

▶ $t=(x-1)^2+2 \geqq 2$

▶ 結局，$y=t^2+2t+5$ の $t \geqq 2$ における最小値を求める.

274

関数 $y=|x^2-4|$ のグラフと直線 $y=2x+a$ との共有点が3個であるとき，定数 a の値を求めなさい.

方針 $y=|x^2-4|-2x$ のグラフの概形をかき，それと直線 $y=a$ との共有点がちょうど3個となる場合を調べる.

▶ $y=|x^2-4|$ と $y=2x+a$ を直接扱ってもよいが，y を消去して $|x^2-4|=2x+a$ から
$$|x^2-4|-2x=a$$
と変形し，改めて
$$\begin{cases} y=|x^2-4|-2x \\ y=a \end{cases}$$
の2つのグラフの共有点を考えるほうがミスが少ない.

★ $y=a$ が $(-2, 4)$ を通る場合と $y=-x^2-2x+4$ のグラフに接する場合とがあることに注意.

273

$t = x^2 - 2x + 3$ とおくと
$$t = (x-1)^2 + 2$$
よって,t の変域は $t \geq 2$ である. ……①
このとき,
$$y = t^2 + 2t + 5 = (t+1)^2 + 4$$
①より,$t = 2$ のとき y は最小で,最小値は
$$(2+1)^2 + 4 = \mathbf{13}$$

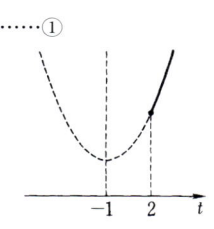

274

$y = |x^2 - 4|$ と $y = 2x + a$ より
$$|x^2 - 4| = 2x + a$$
$$|x^2 - 4| - 2x = a$$
$$\begin{cases} y = |x^2 - 4| - 2x & \cdots\cdots ① \\ y = a & \cdots\cdots ② \end{cases}$$
①は,$x^2 - 4 \geq 0$ すなわち $x \leq -2$, $2 \leq x$ のとき,
$$y = x^2 - 2x - 4 = (x-1)^2 - 5$$
$x^2 - 4 \leq 0$ すなわち $-2 \leq x \leq 2$ のとき,
$$y = -x^2 - 2x + 4 = -(x+1)^2 + 5$$
したがって,①のグラフは右図のようになる.
また,②は x 軸に平行な直線であるから,①,②がちょうど3個の共有点をもつのは
$$a = \mathbf{4, 5}$$

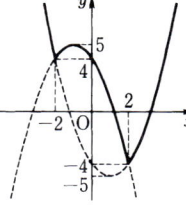

(**参考**) 共有点の個数は,a の値によって次の表のようになる.

a	$\cdots$	-4	$\cdots$	4	$\cdots$	5	$\cdots$
共有点の個数	0	1	2	3	4	3	2

275 座標平面上で 2 点 P, Q はそれぞれ次のように進む.

P は点 A(-40, 0) を出発し, x 軸上を正の向きに毎秒 6 の速さで進む.

Q は点 B(0, -20) を P と同時に出発し, y 軸上を正の向きに毎秒 8 の速さで進む.

このとき, 2 点 P, Q が互いに最も近づくのは, 同時に出発してから何秒後か求めなさい.

方針 2 点間の距離を, 出発してからの時間の関数としてとらえる.

▶実際には, 距離の平方を時間の 2 次関数と考えて, その最小値を調べる.

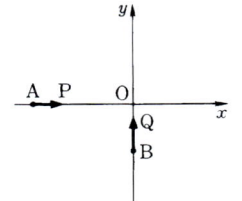

---

276 右図のように, 直角三角形 ABC の辺 AB, AC 上に点 P, Q をとり, PQ∥BC となるようにする.
直線 PQ を折り目として △APQ を折り返して △PQR をつくり, △ABC との重なりの面積を S とする.
S の最大値を求めなさい.

方針 AP=x とし, S を x で表す.

▶PB=$6-x$, PQ=$\dfrac{4}{3}x$

▶三角形の相似を利用してもよい.

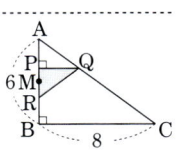

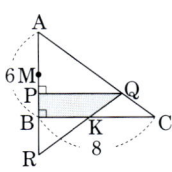

275 同時に出発してから，t 秒後の
　　　P の x 座標は　　　$-40+6t$
　　　Q の y 座標は　　　$-20+8t$
よって，t 秒後の 2 点 P, Q の距離の平方を $f(t)$ とおくと
$$\begin{aligned}f(t)&=(-40+6t)^2+(-20+8t)^2\\&=100t^2-800t+2000=100(t^2-8t+20)\\&=100\{(t-4)^2+4\}\end{aligned}$$
これが最小となるのは，$t=4$ のときである．
すなわち，2 点 P, Q が最も近づくのは，同時に出発してから，**4 秒後**である．

---

276 AP$=x$ とおくと
$$\mathrm{PR}=x,\ \ \mathrm{PB}=6-x,\ \ \mathrm{PQ}=\frac{4}{3}x$$
(i) $0<x\leqq 3$ のとき，
$$S=\triangle\mathrm{PQR}=\frac{1}{2}\times x\times\frac{4}{3}x=\frac{2}{3}x^2 \ \ \cdots\cdots\text{①}$$
(ii) $3<x<6$ のとき，
$$\mathrm{BR}=x-(6-x)=2x-6$$
$$\mathrm{BK}=\frac{4}{3}\mathrm{BR}=\frac{4}{3}(2x-6)=\frac{8}{3}(x-3)$$
であるから
$$\begin{aligned}S&=\triangle\mathrm{PQR}-\triangle\mathrm{BKR}\\&=\frac{2}{3}x^2-\frac{1}{2}\times(2x-6)\times\frac{8}{3}(x-3)\\&=\frac{2}{3}x^2-\frac{8}{3}(x-3)^2\\&=\frac{2}{3}(-3x^2+24x-36)\\&=-2x^2+16x-24\\&=-2(x-4)^2+8 \ \ \cdots\cdots\text{②}\end{aligned}$$
①, ② より，S は $x=4$ のとき最大で
最大値　8

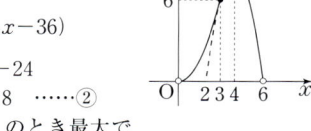

277

2次関数 $y = -x^2 + 4x - 3$ の区間 $a \leq x \leq a+1$ における最大値を求めなさい．ただし，a は実数の定数である．

方針 グラフの対称軸と区間との位置関係によって，場合分けして考える．

▶ $\begin{cases} (ア) & 区間が軸よりも左にある \\ (イ) & 区間の中に軸が入っている \\ (ウ) & 区間が軸よりも右にある \end{cases}$
の3つの場合に分けて考える．

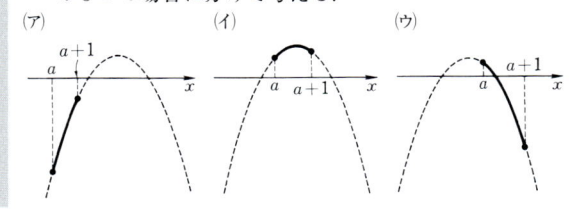

(ア)　　　　　　　(イ)　　　　　　　(ウ)

278

2次関数 $y = x^2 - 2ax$ の区間 $0 \leq x \leq 2$ における最大値・最小値を求めなさい．

方針 これも，グラフの対称軸と区間との位置関係によって場合分けして考える．

▶ 今度は区間が一定で関数に文字 a が含まれているが，考え方は同じ．

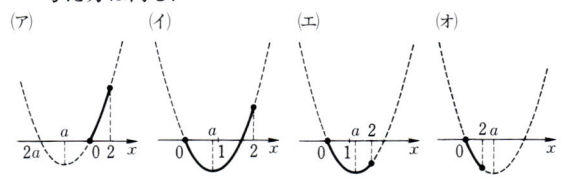

(ア)　　　　(イ)　　　　(エ)　　　　(オ)

277

$y = -x^2 + 4x - 3$
$\quad = -(x-2)^2 + 1$

(ア) $a+1 < 2$ すなわち $a < 1$ のとき，
$x = a+1$ で最大で，最大値は
$-(a+1-2)^2 + 1 = -(a-1)^2 + 1$
$\quad = -a^2 + 2a$

(イ) $a \leqq 2 \leqq a+1$ すなわち $1 \leqq a \leqq 2$ のとき，
$x = 2$ で最大で，**最大値 1**

(ウ) $2 < a$ のとき，
$x = a$ で最大で，**最大値 $-a^2 + 4a - 3$**

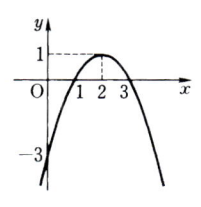

278

$y = x^2 - 2ax = (x-a)^2 - a^2$

(ア) $a < 0$ のとき，
$x = 2$ で最大で，**最大値 $4 - 4a$**
$x = 0$ で最小で，**最小値 0**

(イ) $0 \leqq a < 1$ のとき，
$x = 2$ で最大で，**最大値 $4 - 4a$**
$x = a$ で最小で，**最小値 $-a^2$**

(ウ) $a = 1$ のとき，
$x = 0, 2$ で最大で，**最大値 0**
$x = 1$ で最小で，**最小値 -1**

(エ) $1 < a \leqq 2$ のとき，
$x = 0$ で最大で，**最大値 0**
$x = a$ で最小で，**最小値 $-a^2$**

(オ) $2 < a$ のとき，
$x = 0$ で最大で，**最大値 0**
$x = 2$ で最小で，**最小値 $4 - 4a$**

5 2次方程式・2次不等式 標準問題

279 k を実数の定数とし，2つの2次方程式
$$x^2+2x+k=0 \quad \cdots\cdots ①$$
$$x^2-2x+1-k=0 \quad \cdots\cdots ②$$
を考える．
(1) 2次方程式①，②がともに実数解をもつように，定数 k の値の範囲を定めなさい．
(2) 実数 k がどのような値をとっても，2次方程式①，②のうちの少なくとも一方は実数解をもつことを証明しなさい．

方針 それぞれの2次方程式の判別式を計算する．

▶ 2つの判別式は，D_1，D_2 のように区別して扱う．

280 2次方程式
$$x^2-8x+(a+12)=0 \quad \cdots\cdots ①$$
の解がすべて整数になるという．自然数の定数 a の値を求めなさい．

方針 整数解は実数解である．したがって，まず判別式を調べてみる．

▶ 判別式 $D \geqq 0$ から，a の値の範囲を定め，その範囲の中で自然数 a の値を求める．

ANSWER

279 ①, ②の判別式をそれぞれ D_1, D_2 とすると

$$\frac{D_1}{4} = 1^2 - 1 \times k = 1 - k$$

$$\frac{D_2}{4} = (-1)^2 - 1 \times (1-k) = k$$

①が実数解をもつのは, $D_1 \geqq 0$ より $1 - k \geqq 0$
よって, $k \leqq 1$ ……③
②が実数解をもつのは, $D_2 \geqq 0$ より
$k \geqq 0$ ……④

(1) ③, ④の共通部分を求めて

$0 \leqq k \leqq 1$

(2) ③, ④をあわせた k の値の範囲は, すべての実数となるので, ①, ②のうちの少なくとも一方は実数解をもつ.

(参考) ①を $\begin{cases} y = -x^2 - 2x & \cdots\cdots③ \\ y = k & \cdots\cdots④ \end{cases}$, ②を $\begin{cases} y = x^2 - 2x + 1 & \cdots\cdots⑤ \\ y = k & \cdots\cdots④ \end{cases}$
と変形し, ③, ④, ⑤のグラフを考えてもよい.

---

280 ①は実数解をもつので, 判別式を D とすると

$$\frac{D}{4} = (-4)^2 - 1 \times (a + 12) = 4 - a \geqq 0$$

$$a \leqq 4$$

よって, $a = 1, 2, 3, 4$
$a = 1$ のとき, ①は $x^2 - 8x + 13 = 0$
$a = 2$ のとき, ①は $x^2 - 8x + 14 = 0$
となり, いずれも整数解をもたず不適である.
$a = 3$ のとき, ①は $x^2 - 8x + 15 = 0$
$x = 3, 5$
$a = 4$ のとき, ①は $x^2 - 8x + 16 = 0$
$x = 4$ （重解）
となり, いずれも適する.
ゆえに, **$a = 3, 4$**

(参考) ①を $a = -x^2 + 8x - 12$ と変形し,
放物線 $y = -x^2 + 8x - 12$ と直線 $y = a$ との交点を調べて解くこともできる.

281

2次方程式
$$5x^2 - 17x + p = 0 \quad \cdots\cdots ①$$
は異なる2つの実数解をもち，それらの逆数がともに2次方程式
$$6x^2 - 17x + q = 0 \quad \cdots\cdots ②$$
の解になっている．
定数 p, q の値を求めなさい．

方針 2次方程式①の解を α, β とおき，解と係数の関係を利用する．

▶ ①の解を α, β とすると，②の解は $\dfrac{1}{\alpha}$, $\dfrac{1}{\beta}$ となる．

282

2次方程式
$$x^2 + kx - 6 = 0$$
の2つの解の絶対値の比が $1:2$ であるとき，定数 k の値を求めなさい．

方針 まず，2つの解の符号を調べる．

▶ 2つの解の積は，解と係数の関係より -6 である．したがって，2つの解の一方は正で，他方は負である．

281 ①の解を α, β とおくと，②の解は $\dfrac{1}{\alpha}$, $\dfrac{1}{\beta}$ となるので，

解と係数の関係より

$$\begin{cases} \alpha+\beta=\dfrac{17}{5} & \cdots\cdots③ \\ \alpha\beta=\dfrac{p}{5} & \cdots\cdots④ \end{cases} \quad \begin{cases} \dfrac{1}{\alpha}+\dfrac{1}{\beta}=\dfrac{17}{6} & \cdots\cdots⑤ \\ \dfrac{1}{\alpha}\cdot\dfrac{1}{\beta}=\dfrac{q}{6} & \cdots\cdots⑥ \end{cases}$$

⑤より $\quad \dfrac{\alpha+\beta}{\alpha\beta}=\dfrac{17}{6}$

これと③より $\quad \alpha\beta=\dfrac{6}{5} \quad \cdots\cdots⑦$

④，⑦より $\quad \bm{p=6}$

⑥，⑦より $\quad \bm{q=5}$

---

282 2つの解を α, β とおくと，
解と係数の関係より

$$\begin{cases} \alpha+\beta=-k & \cdots\cdots① \\ \alpha\beta=-6 & \cdots\cdots② \end{cases}$$

②より，α, β は異符号である．すなわち，α, β の一方は正，他方は負である．このことと，

$$|\alpha|:|\beta|=1:2$$

より，

$$\beta=-2\alpha$$

と表せる．したがって，①，②は

$$\begin{cases} \alpha+(-2\alpha)=-k \\ \alpha\times(-2\alpha)=-6 \end{cases}$$

すなわち $\quad \begin{cases} -\alpha=-k & \cdots\cdots③ \\ -2\alpha^2=-6 & \cdots\cdots④ \end{cases}$

となる．

④より $\quad \alpha^2=3$

よって， $\quad \alpha=\pm\sqrt{3}$

③に代入して $\quad \bm{k=\pm\sqrt{3}}$

283 3辺の長さが x, $x+1$, $49-x$ の三角形がある.
(1) x の値の範囲を求めなさい.
(2) この三角形が直角三角形になるような x の値を求めなさい.

方針 三角形の2辺の和は，他の1辺よりも大きい．また，x が最長辺になることはない．

▶ $x+1$ が最長辺の場合と，$49-x$ が最長辺の場合とに分けて考える．

284 8％の食塩水 400g が入っている容器から，ある量の食塩水を汲み出し，代わりに同量の水を入れてよく混ぜた．

次に，この食塩水から前に汲み出した量の2倍の食塩水を汲み出し，代わりに同量の水を入れてよく混ぜたところ，3％の食塩水になった．

はじめに汲み出した食塩水の量を求めなさい．

方針 汲み出した食塩水の量を x g とし，方程式を立てる．

▶ 食塩水の濃度 $= \dfrac{\text{食塩の量}}{\text{全体の量}}$

食塩の量＝全体の量×食塩水の濃度

▶ はじめの食塩の量は，$400 \times \dfrac{8}{100}$ (g) である．

▶ 400g の食塩水から x g の食塩水を汲み出すとき，失われる食塩の割合は $\dfrac{x}{400}$ であるから，容器に残る食塩の割合は $1-\dfrac{x}{400}$ である．

▶ 400g の食塩水から $2x$ g の食塩水を汲み出すとき，容器に残る食塩の割合は $1-\dfrac{2x}{400}$ である．

283
(1) $x<x+1$ より x が最長辺になることはない．

よって，$\begin{cases} x+(x+1)>49-x \\ x+(49-x)>x+1 \end{cases}$

が成り立てばよい．

ゆえに，**$16<x<48$**

(2) $x+1$ が斜辺のとき，
$$x^2+(49-x)^2=(x+1)^2$$
$$x^2-100x+2400=0$$
$$x=40,\ 60 \qquad x=40 \text{ が適する．}$$

$49-x$ が斜辺のとき，
$$x^2+(x+1)^2=(49-x)^2$$
$$x^2+100x-2400=0$$
$$x=20,\ -120 \qquad x=20 \text{ が適する．}$$

ゆえに，**$x=20,\ 40$**

284 $x\,\text{g}$ の食塩水を汲み出して同量の水を入れると，失われる食塩の割合は $\dfrac{x}{400}$ であるから，

$$400\times\dfrac{8}{100}\left(1-\dfrac{x}{400}\right)\left(1-\dfrac{2x}{400}\right)=400\times\dfrac{3}{100}$$

$\dfrac{x}{400}=y$ とおくと

$$8(1-y)(1-2y)=3$$
$$16y^2-24y+5=0$$
$$(4y-1)(4y-5)=0$$
$$y=\dfrac{1}{4},\ \dfrac{5}{4}$$

すなわち $\dfrac{x}{400}=\dfrac{1}{4},\ \dfrac{5}{4}$

よって，$x=100,\ 500$

$0<x<400$ であるから，$x=100$

ゆえに，**$100\,\text{g}$**

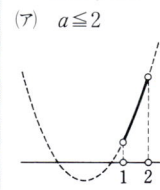

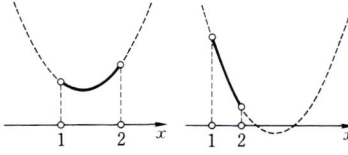

285 2次不等式 $x^2+(3-a)x-3a<0$ を満たす整数がちょうど2個存在するように，定数 a の値の範囲を定めなさい．

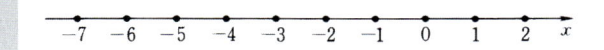

方針 数直線を利用して考える．

▶ この2次不等式の左辺は因数分解できる．解の集合に，整数がちょうど2個含まれるようにする．

```
·——·——·——·——·——·——·——·——·——·——→
-7  -6  -5  -4  -3  -2  -1   0   1   2   x
```

286 $1<x<2$ を満たすすべての x に対して，不等式
$$x^2-ax-2a-3>0$$
が成り立つように，定数 a の値の範囲を定めなさい．

方針 左辺を x の2次関数と考え，軸と区間との位置関係で場合分けして考える．

▶ 3つの場合に分けて結論を出し，それらを合わせて答えとする．

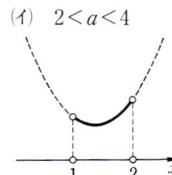

(ア) $a\leqq 2$　　(イ) $2<a<4$　　(ウ) $4\leqq a$

285

$x^2+(3-a)x-3a<0$
$(x+3)(x-a)<0$

(ア) $a<-3$ のとき,$a<x<-3$
(イ) $a=-3$ のとき,解なし
(ウ) $-3<a$ のとき,$-3<x<a$

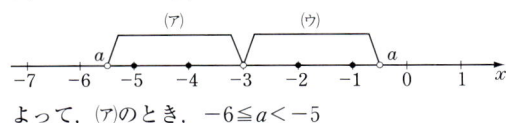

よって,(ア)のとき,$-6\leqq a<-5$
　　　　(ウ)のとき,$-1<a\leqq 0$
ゆえに,　$-6\leqq a<-5$,$-1<a\leqq 0$

---

286 $f(x)=x^2-ax-2a-3=\left(x-\dfrac{a}{2}\right)^2-\dfrac{1}{4}a^2-2a-3$

(ア) $\dfrac{a}{2}\leqq 1$ のとき,すなわち $a\leqq 2$ のとき,
$$f(1)=1^2-a-2a-3\geqq 0$$
よって,$a\leqq -\dfrac{2}{3}$
これは,$a\leqq 2$ を満たす.

(イ) $1<\dfrac{a}{2}<2$ のとき,すなわち $2<a<4$ のとき,
$$-\dfrac{1}{4}a^2-2a-3>0 \qquad a^2+8a+12<0$$
$$(a+2)(a+6)<0 \qquad -6<a<-2$$
これは $2<a<4$ に反する.

(ウ) $2\leqq \dfrac{a}{2}$ すなわち $4\leqq a$ のとき,
$$f(2)=4-2a-2a-3\geqq 0 \qquad a\leqq \dfrac{1}{4}$$
これは $4\leqq a$ に反する.

(ア),(イ),(ウ)より　$a\leqq -\dfrac{2}{3}$

287 実数 x, y についての次の条件が真となるような定数 a の値の範囲を求めなさい.

どのような x に対しても,それぞれ適当な y をとれば,
$$-x^2+ax+a-2<y<x^2-(a-2)x+3$$
が成り立つ.

方針 任意の x に対して,つねに y が決まればよい.

▶任意の x に対して
$$-x^2+ax+a-2<x^2-(a-2)x+3$$
が成り立てばよい.

▶$2x^2-2(a-1)x-a+5>0$
と変形して,判別式 <0 を計算する.

---

288 実数 x, y についての次の条件が真となるような定数 a の値の範囲を求めなさい.

適当な y をとれば,どのような x に対しても
$$-x^2+ax+a-2<y<x^2-(a-2)x+3$$
が成り立つ.

方針 x の値に依存しない y の値が決まるようにする.

▶$-x^2+ax+a-2$ の最大値を A,
$x^2-(a-2)x+3$ の最小値を B とすると,
$A<B$ となればよい.

287

各 x について,それぞれ適当な y を定めて不等式が成り立てばよい.
したがって,任意の x に対して
$-x^2+ax+a-2 < x^2-(a-2)x+3$
が成り立つことが必要かつ十分である. 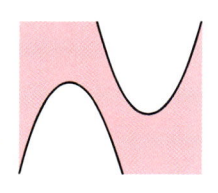
変形して,
$$2x^2-2(a-1)x-a+5>0$$
よって,求める条件は
$$\frac{D}{4}=(a-1)^2-2(-a+5)$$
$$=a^2-9<0$$
ゆえに, **$-3<a<3$**

288

ある y が存在して,どのような x についても不等式が成り立つようにしたい.
したがって,
 $-x^2+ax+a-2$ の最大値を A,
 $x^2-(a-2)x+3$ の最小値を B
とすると,
 $A<B$ が成り立つことが必要かつ十分である.
ここで,
$$A=\frac{1}{4}a^2+a-2$$
$$B=-\frac{1}{4}(a-2)^2+3$$
よって, $\dfrac{1}{4}a^2+a-2<-\dfrac{1}{4}(a-2)^2+3$

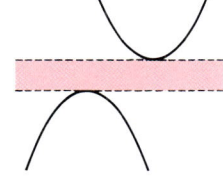

$\dfrac{1}{2}a^2<4 \quad a^2<8$

ゆえに, **$-2\sqrt{2}<a<2\sqrt{2}$**

(参考) 問題 **287** の解を E,問題 **288** の解を F とすると,$E \supset F$ である.

289 x の4次方程式 $x^4+(1-k)x^2+2-k^2=0$ が異なる4個の実数解をもつように,定数 k の値の範囲を定めなさい.

方針 $t=x^2$ とおいて,t の2次方程式について考える.

▶ $t^2+(1-k)t+2-k^2=0$ が,異なる2つの正の解をもつための条件は,次のとおりである.

(1) 判別式 >0

(2) 軸 $-\dfrac{1-k}{2}>0$

(3) 左辺を $f(t)$ とすると $f(0)>0$

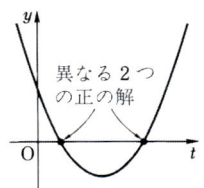

290 2次関数 $y=x^2+ax+2$ のグラフが2点 $(0,1)$,$(2,3)$ を結ぶ線分と異なる2点を共有するように,定数 a の値の範囲を定めなさい.

方針 2次方程式の解の問題になおして考える.

▶ 2式を連立させ,$0\leqq x\leqq 2$ の範囲に2つの解をもつようにする.

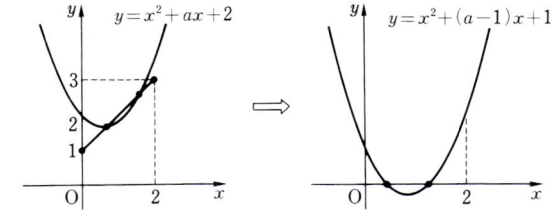

289

$$x^4+(1-k)x^2+2-k^2=0 \quad \cdots\cdots ①$$

$t=x^2$ とおくと，$t\geqq 0$ であり，①は

$$t^2+(1-k)t+2-k^2=0 \quad \cdots\cdots ②$$

②が正の数 α を解にもつならば，$\pm\sqrt{\alpha}$ が①の2つの解になる．したがって，①が異なる4個の実数解をもつための必要十分条件は，②が異なる2つの正の解をもつことである．

よって，求める条件は，②の左辺を $f(t)$ とおくと

$$\begin{cases} D=(1-k)^2-4(2-k^2)>0 & \cdots\cdots ③ \\ -\dfrac{1-k}{2}>0 & \cdots\cdots ④ \\ f(0)=2-k^2>0 & \cdots\cdots ⑤ \end{cases}$$

③より　$5k^2-2k-7>0$，$(k+1)(5k-7)>0$

よって，$\quad k<-1,\ \dfrac{7}{5}<k \quad \cdots\cdots ③'$

④より　$\quad 1<k \quad \cdots\cdots ④'$

⑤より　$\quad -\sqrt{2}<k<\sqrt{2} \quad \cdots\cdots ⑤'$

③'，④'，⑤'より　$\dfrac{7}{5}<k<\sqrt{2}$

290

2点 $(0,\ 1)$，$(2,\ 3)$ を通る直線は，$y=x+1$

これと　$y=x^2+ax+2$ より　$x^2+(a-1)x+1=0$

この方程式が $0\leqq x\leqq 2$ に異なる2つの解をもてばよい．

よって，左辺を $f(x)$ とおくと

$$\begin{cases} D=(a-1)^2-4>0 & \cdots\cdots ① \\ 0\leqq -\dfrac{a-1}{2}\leqq 2 & \cdots\cdots ② \\ f(0)=1\geqq 0 & \cdots\cdots ③ \\ f(2)=4+2(a-1)+1\geqq 0 & \cdots\cdots ④ \end{cases}$$

①より　$\quad a<-1,\ 3<a \quad \cdots\cdots ①'$

②より　$\quad -3\leqq a\leqq 1 \quad \cdots\cdots ②'$

③は自明で，④より　$\quad a\geqq -\dfrac{3}{2} \quad \cdots\cdots ④'$

①'，②'，④'より　$-\dfrac{3}{2}\leqq a<-1$

6 図形と計量　　標準問題

291 右の図を利用して，$\sin 15°$ の値を求めなさい．

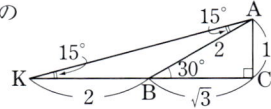

方針 図を利用して，定義どおりに計算する．

▶ $\sin 15° = \dfrac{AC}{AK}$

▶ $AK = \sqrt{AC^2 + KC^2}$

---

292 次の等式が成り立つことを証明しなさい．
$$\frac{\cos\theta}{1-\sin\theta} + \frac{1-\sin\theta}{\cos\theta} = \frac{2}{\cos\theta}$$

方針 通分し，$\sin^2\theta + \cos^2\theta = 1$ の利用．

▶ 左辺 $= \dfrac{\cos^2\theta + (1-\sin\theta)^2}{(1-\sin\theta)\cos\theta}$

　　　$= \dfrac{\cos^2\theta + 1 - 2\sin\theta + \sin^2\theta}{(1-\sin\theta)\cos\theta}$

　　　$= \cdots\cdots$

291

図において、 $\sin 15° = \dfrac{AC}{AK} = \dfrac{1}{AK}$

ここで、 $AK^2 = AC^2 + KC^2$
$= 1^2 + (2+\sqrt{3})^2 = 8 + 4\sqrt{3}$

よって、 $AK = \sqrt{8+4\sqrt{3}}$
$= \sqrt{8+2\sqrt{12}}$
$= \sqrt{6} + \sqrt{2}$

また、
$$(\sqrt{6}+\sqrt{2})(\sqrt{6}-\sqrt{2}) = 4$$

ゆえに、
$$\sin 15° = \dfrac{1}{\sqrt{6}+\sqrt{2}} = \dfrac{\sqrt{6}-\sqrt{2}}{4}$$

292

左辺 $= \dfrac{\cos\theta}{1-\sin\theta} + \dfrac{1-\sin\theta}{\cos\theta}$

$= \dfrac{\cos^2\theta + (1-\sin\theta)^2}{(1-\sin\theta)\cos\theta}$

$= \dfrac{\cos^2\theta + 1 - 2\sin\theta + \sin^2\theta}{(1-\sin\theta)\cos\theta}$

$= \dfrac{2 - 2\sin\theta}{(1-\sin\theta)\cos\theta} = \dfrac{2(1-\sin\theta)}{(1-\sin\theta)\cos\theta}$

$= \dfrac{2}{\cos\theta} =$ 右辺

(**参考**) $\dfrac{\cos^2\theta + (1-\sin\theta)^2}{(1-\sin\theta)\cos\theta}$

$= \dfrac{(1-\sin^2\theta) + (1-\sin\theta)^2}{(1-\sin\theta)\cos\theta}$

と変形して、$(1-\sin\theta)$ で約分してもよい.

293 $0° \leqq \theta \leqq 180°$ のとき,次の不等式を解きなさい.
$$2\cos^2\theta \geqq 3-3\sin\theta$$

方針 $\sin\theta$ のみの式または $\cos\theta$ のみの式にする.

▶ $\cos^2\theta = 1-\sin^2\theta$ を利用し,$\sin\theta$ の2次不等式を解く.

▶ $\sin\theta$ の範囲を求め,$0° \leqq \theta \leqq 180°$ に注意して,θ の範囲を定める.

---

294 $8\sin\theta - \cos\theta = 7$ のとき,$\tan\theta$ の値を求めなさい.ただし,$0° \leqq \theta \leqq 180°$ とします.

方針 $\sin^2\theta + \cos^2\theta = 1$ と連立する.

▶ $\cos\theta$ を消去し,$\sin\theta$ を求める.
$\cos\theta = 8\sin\theta - 7$ を代入して
$$\sin^2\theta + (8\sin\theta - 7)^2 = 1$$
$$65\sin^2\theta - 112\sin\theta + 48 = 0$$
この方程式の左辺は,因数分解できる.

▶ $\sin\theta$ の値を代入すると $\cos\theta$ の値がわかり,

$\tan\theta = \dfrac{\sin\theta}{\cos\theta}$ によって $\tan\theta$ の値を求めることができる.

293

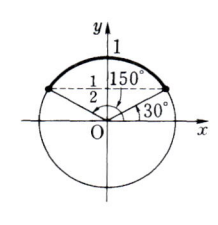

$2\cos^2\theta \geqq 3-3\sin\theta$
$\quad 2(1-\sin^2\theta) \geqq 3-3\sin\theta$
$\quad 2-2\sin^2\theta \geqq 3-3\sin\theta$
$\quad 2\sin^2\theta - 3\sin\theta + 1 \leqq 0$
$\quad (\sin\theta - 1)(2\sin\theta - 1) \leqq 0$

よって，$\dfrac{1}{2} \leqq \sin\theta \leqq 1$

$0° \leqq \theta \leqq 180°$ であるから
$\quad \mathbf{30° \leqq \theta \leqq 150°}$

294

$8\sin\theta - \cos\theta = 7$ より
$\quad \cos\theta = 8\sin\theta - 7$
$\sin^2\theta + \cos^2\theta = 1$ に代入して
$\quad \sin^2\theta + (8\sin\theta - 7)^2 = 1$
$\quad 65\sin^2\theta - 112\sin\theta + 48 = 0$
$\quad (5\sin\theta - 4)(13\sin\theta - 12) = 0$
$\quad \sin\theta = \dfrac{4}{5},\ \dfrac{12}{13}$

$\sin\theta = \dfrac{4}{5}$ のとき，$\cos\theta = 8 \times \dfrac{4}{5} - 7 = -\dfrac{3}{5}$

$\quad \tan\theta = \dfrac{\sin\theta}{\cos\theta} = \dfrac{\dfrac{4}{5}}{-\dfrac{3}{5}} = \mathbf{-\dfrac{4}{3}}$

$\sin\theta = \dfrac{12}{13}$ のとき，$\cos\theta = 8 \times \dfrac{12}{13} - 7 = \dfrac{5}{13}$

$\quad \tan\theta = \dfrac{\sin\theta}{\cos\theta} = \dfrac{\dfrac{12}{13}}{\dfrac{5}{13}} = \mathbf{\dfrac{12}{5}}$

295 三角形 ABC において,AB=2,BC=$1+\sqrt{3}$,CA=$\sqrt{2}$ のとき,その面積 S を求めなさい.

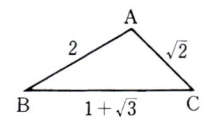

方針 まず,どれか1つの角の大きさを調べる.

▶ 余弦定理の利用.
$$\cos B = \frac{2^2+(1+\sqrt{3})^2-(\sqrt{2})^2}{2\cdot 2\cdot (1+\sqrt{3})} = \frac{\sqrt{3}}{2}$$

▶ $S = \dfrac{1}{2}\cdot 2\cdot (1+\sqrt{3})\cdot \sin B$

6 図形と計量 標準問題

296 三角形 ABC において,AB=12,BC=18,CA=15 とする.∠A の二等分線が辺 BC と交わる点を D とするとき,線分 AD の長さを求めなさい.

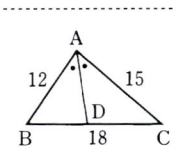

方針 まず,$\cos B$ または $\cos C$ を求める.

▶ △ABC において余弦定理を適用する.
$$\cos B = \frac{12^2+18^2-15^2}{2\cdot 12\cdot 18} = \frac{9}{16}$$

▶ 次に,△ABD において余弦定理を適用する.

(**参考**) 右の図で,
AD=$\sqrt{bc-pq}$

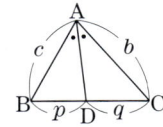

295 余弦定理より
$$\cos B = \frac{2^2+(1+\sqrt{3})^2-(\sqrt{2})^2}{2\cdot 2\cdot(1+\sqrt{3})} = \frac{6+2\sqrt{3}}{2\cdot 2\cdot(1+\sqrt{3})}$$
$$= \frac{2\sqrt{3}(\sqrt{3}+1)}{2\cdot 2\cdot(1+\sqrt{3})} = \frac{\sqrt{3}}{2}$$

よって，$B=30°$
ゆえに,
$$S = \frac{1}{2}\cdot 2\cdot(1+\sqrt{3})\cdot\sin 30°$$
$$= \frac{1}{2}\cdot 2\cdot(1+\sqrt{3})\cdot\frac{1}{2}$$
$$= \boldsymbol{\frac{1+\sqrt{3}}{2}}$$

---

296 $\cos B = \dfrac{12^2+18^2-15^2}{2\cdot 12\cdot 18} = \dfrac{243}{2\cdot 12\cdot 18} = \dfrac{9}{16}$

また，∠BAD=∠CAD であるから
　　BD:DC=AB:AC=12:15=4:5
よって,
$$BD = 18\times\frac{4}{4+5} = 8$$
したがって，△ABD において，余弦定理より
$$AD^2 = AB^2+BD^2-2\cdot AB\cdot BD\cdot\cos B$$
$$= 12^2+8^2-2\cdot 12\cdot 8\cdot\frac{9}{16}$$
$$= 144+64-108$$
$$= 100$$
ゆえに，**AD=10**

(**参考**)　$\cos C = \dfrac{3}{4}$，CD=10 を利用してもよい．

297 右の図の円に内接する四角形 ABCD の面積 S を求めなさい．

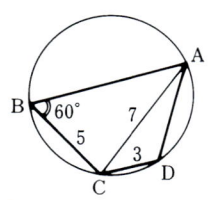

方針 まず，辺 AB の長さを求める．

- ▶ △ABC に余弦定理を適用し，辺 AB の長さを求める．
- ▶ ∠CDA＝120° より，AD の長さも同様にして求めることができる．
- ▶ △ABC＋△ACD を計算する．

298 $a\cos A = b\cos B$ を満たす三角形 ABC は，どのような三角形か答えなさい．

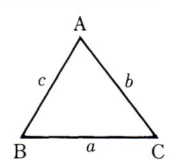

方針 余弦定理を用いて，与えられた式を a, b, c の式になおす．

- ▶ a, b, c の関係式を因数分解する．
- ▶ 式変形の途中で，等式の両辺を a^2-b^2 で割ってはいけない．

297
余弦定理より，
$$7^2 = AB^2 + 5^2 - 2 \cdot AB \cdot 5 \cdot \cos 60°$$
$$AB^2 - 5AB - 24 = 0$$
$$(AB+3)(AB-8) = 0$$
よって，AB = 8
また，∠CDA = 180° − 60° = 120° であるから，余弦定理より，
$$7^2 = AD^2 + 3^2 - 2 \cdot AD \cdot 3 \cdot \cos 120°$$
$$AD^2 + 3AD - 40 = 0$$
$$(AD-5)(AD+8) = 0$$
よって，AD = 5
ゆえに，
$$S = \triangle ABC + \triangle ACD$$
$$= \frac{1}{2} \cdot 8 \cdot 5 \cdot \sin 60° + \frac{1}{2} \cdot 3 \cdot 5 \cdot \sin 120°$$
$$= 10\sqrt{3} + \frac{15}{4}\sqrt{3} = \frac{55}{4}\sqrt{3}$$

298
$\cos A = \dfrac{b^2+c^2-a^2}{2bc}$, $\cos B = \dfrac{c^2+a^2-b^2}{2ca}$ を代入して
$$a \cdot \frac{b^2+c^2-a^2}{2bc} = b \cdot \frac{c^2+a^2-b^2}{2ca}$$
$$a^2(b^2+c^2-a^2) = b^2(c^2+a^2-b^2)$$
$$c^2a^2 - a^4 = b^2c^2 - b^4$$
$$c^2a^2 - b^2c^2 = a^4 - b^4$$
$$c^2(a^2-b^2) = (a^2+b^2)(a^2-b^2)$$
$$(a^2-b^2)(c^2-a^2-b^2) = 0$$
よって，$a^2-b^2 = 0$ または $c^2 = a^2+b^2$
すなわち，$a = b$ または $c^2 = a^2+b^2$
ゆえに，三角形 ABC は **AC = BC の二等辺三角形**
または ∠C = 90° の直角三角形

299 右の図の円錐で，OA＝6，底面の半径 HA＝1 となっている．母線 OA 上の点 B は OB＝2 を満たしている．B から円錐の側面を 2 回まわって A に達する道のりの長さの最小値を求めなさい．

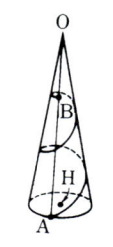

方針 展開図をかいて考える．

▶2 回まわって A に達するので，展開図を 2 つかいてつなげ，最短コースをさがす．

---

300 1 辺の長さが 1 の正八面体 OABCDE について，次の条件を満たす球の半径を求めなさい．
(1) 6 つの頂点をすべて通る．
(2) 12 本の辺のすべてに接する．
(3) 8 つの面のすべてに接する．

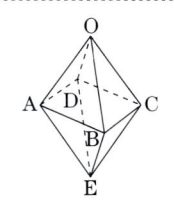

方針 断面図をかいて考える．

▶断面図に，必要なら補助線を引き，三平方の定理や三角形の相似などを利用して考える．

299 側面の展開図の中心角を θ とすると

$$2\pi \times 6 \times \frac{\theta}{360°} = 2\pi \times 1$$

よって, $\theta = 60°$
側面を2回まわるので, 右のように側面の展開図を2つかいて, 線分 AB の長さを求めればよい.

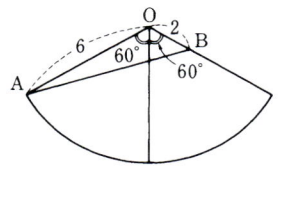

$$\begin{aligned}AB^2 &= 6^2 + 2^2 - 2 \cdot 6 \cdot 2 \cdot \cos 120° \\ &= 36 + 4 + 12 = 52\end{aligned}$$

ゆえに,
 $AB = \sqrt{52} = 2\sqrt{13}$

---

300 (1) 求める半径は, 右図の MA の長さであり

$$\frac{\sqrt{2}}{2}$$

(2) 求める半径は, 右図の MH の長さであり

$$\frac{1}{2}$$

(3) 右図のように接点 T を定めると
 $OM \perp MN$, $MT \perp ON$
であるから, △OMN の面積を2通りに表して

$$\frac{1}{2} \cdot ON \cdot MT = \frac{1}{2} \cdot OM \cdot MN$$

よって,

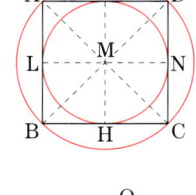

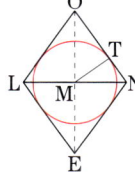

$$\begin{aligned}MT &= \frac{OM \cdot MN}{ON} \\ &= \frac{\frac{\sqrt{2}}{2} \cdot \frac{1}{2}}{\frac{\sqrt{3}}{2}} = \frac{1}{\sqrt{6}}\end{aligned}$$

7 データの分析 標準問題

301 箱ひげ図①, ②, ③に対応するヒストグラムを, A, B, C から選びなさい.

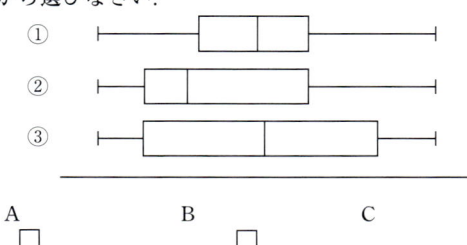

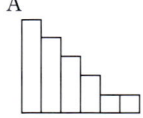

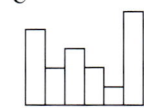

①
②
③

A B C

302 右の図は, 数学のテストの得点の累積相対度数折れ線である.
(1) 第1四分位数, 第2四分位数, 第3四分位数を求めなさい.
(2) 最頻値を求めなさい.
(3) 平均値を求めなさい.

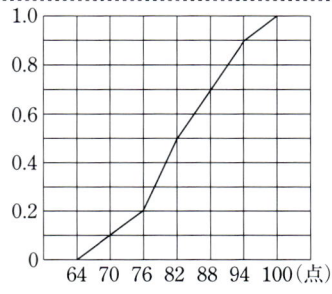

▶第1四分位数, 第2四分位数, 第3四分位数は, 累積相対度数がそれぞれ, 0.25, 0.5, 0.75 に対応する点数である.

▶最頻値は, 折れ線の傾きが最も大きい階級の階級値である.

▶平均値は, 面積の等しい長方形を作ると考えて求める.

301 ① **B**　② **A**　③ **C**

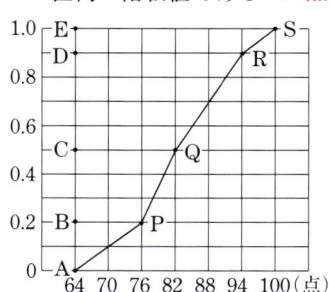

[解説]　①の分布は，平均値のまわりに集まっていて，四分位範囲が比較的せまい．
②の分布は，全体が小さい値に偏っている．
③の分布は，四分位範囲がかなり広い．
このようなことを考慮して，ヒストグラム A，B，C との対応を総合的に判断する．

302 (1) 点数を x，累積相対度数を y とする．
まず，$76 \leqq x \leqq 82$ においては，$y = 0.2 + 0.05(x-76)$
$y = 0.25$ のとき，$x = 77$
また，$y = 0.5$ のとき，$x = 82$
さらに，$88 \leqq x \leqq 94$ においては，$y = 0.7 + \dfrac{1}{30}(x-88)$
$y = 0.75$ のとき，$x = 89.5$
以上より，第1四分位数　**77（点）**
　　　　　第2四分位数　**82（点）**
　　　　　第3四分位数　**89.5（点）**

(2) 線分の傾きが最も大きい区間は，$76 \leqq x \leqq 82$ であるから，最頻値は，この区間の階級値である　**79点**　である．

(3) 右の図で，
△ABP の面積は，1.2
台形 BCQP の面積は，4.5
台形 CDRQ の面積は，9.6
台形 DESR の面積は，3.3
であるから，求める平均値は，
$64 + (1.2 + 4.5 + 9.6 + 3.3) \div 1 = 64 + 18.6$
$= $ **82.6（点）**

(**参考**) 82 点を仮平均として面積を計算してもよい．

303 G組の生徒50人の身長を測定し、次の表のように整理した。ただし、$u = \dfrac{x-162}{4}$ である。

この表を完成させ、次の設問に答えなさい。

(1) 変量 u の平均値 $\bar{u}$、および標準偏差 s_u を求めなさい。
(2) 変量 x の平均値 $\bar{x}$、および標準偏差 s_x を求めなさい。

身 長 以上〜未満	階級値 x (cm)	度数 f	u	uf	u^2f
152〜156	154	3	-2		
156〜160		8			
160〜164		22	0		
164〜168	166	10	1		
168〜172		6			
172〜176		1			
計	**	50	**		

▶ $\bar{x} = 162 + 4\bar{u}$, $s_x = 4s_u$ が成り立つ。

304 H組の生徒20人の数学の得点を x 点、国語の得点を y 点とし、変量 x, y について整理して、次の表を得た。ただし、$\bar{x}$, $\bar{y}$ はそれぞれ、x, y の平均値を表す。

生徒 番号	x	y	$x-\bar{x}$	$(x-\bar{x})^2$	$y-\bar{y}$	$(y-\bar{y})^2$	$(x-\bar{x})$ $\times(y-\bar{y})$
1	62	63	3	9	2	4	6
2	56	63	-3	9	2	4	-6
3	58	58	-1	1	-3	9	3
⋮	⋮	⋮	⋮	⋮	⋮	⋮	⋮
20	57	63	-2	4	2	4	-4
合計	A	C	0	180	0	80	60
平均	B	D	0	E	0	F	G

(1) A〜G にあてはまる数値を求めなさい。
(2) x と y の相関係数 r を求めなさい。

▶ $B = \bar{x}$, $D = \bar{y}$ である。

▶ E, F はそれぞれ、x, y の分散である。

303

まず，表を完成させると，次のようになる．

身　長 以上〜未満	階級値 x (cm)	度数 f	u	uf	$u^2 f$
152〜156	154	3	-2	-6	12
156〜160	158	8	-1	-8	8
160〜164	162	22	0	0	0
164〜168	166	10	1	10	10
168〜172	170	6	2	12	24
172〜176	174	1	3	3	9
計	＊＊	50	＊＊	11	63

(1) $\bar{u} = \dfrac{11}{50} = \mathbf{0.22}$

$s_u{}^2 = \dfrac{63}{50} - \left(\dfrac{11}{50}\right)^2 = \dfrac{3029}{50^2}$

$s_u = \dfrac{\sqrt{3029}}{50} = \dfrac{55.03\cdots}{50} = 1.1007\cdots \fallingdotseq \mathbf{1.1}$

(2) $\bar{x} = 162 + 4 \times 0.22 = 162.88 \fallingdotseq \mathbf{162.9}$ （cm）

$s_x = 4 s_u = 4 \times 1.1 = \mathbf{4.4}$ （cm）

304

(1) $B = 62 - 3 = \mathbf{59}$

$A = 59 \times 20 = \mathbf{1180}$

$D = 63 - 2 = \mathbf{61}$

$C = 61 \times 20 = \mathbf{1220}$

$E = 180 \div 20 = \mathbf{9}$

$F = 80 \div 20 = \mathbf{4}$

$G = 60 \div 20 = \mathbf{3}$

(2) $r = \dfrac{3}{\sqrt{9} \times \sqrt{4}} = \mathbf{0.5}$

（参考） (2)については問題 **144** の（注意）を参照．

8 整数　　　標準問題

305 $2ab+5a-3b=9$ を満たす整数 a, b の組 (a, b) をすべて求めなさい.

方針 両辺に 2 を掛けてから，さらに両辺にある整数を加えて因数分解できるようにする．

▶ $2ab+5a-3b=9$ より，$4ab+10a-6b=18$
この式の左辺が
$$(2a-\bigcirc)(2b+\diamondsuit)=\triangledown$$
の形になるように，両辺にある整数を加える．

---

306 $\dfrac{1}{a}+\dfrac{1}{b}+\dfrac{1}{c}=1$ を満たす正の整数 a, b, c の組をすべて求めなさい．ただし，$a \leqq b \leqq c$ とします．

方針 a, b, c の大小に注意し，1つの文字に置き換えて，変域をせばめてゆく．

▶ まず，a, b, c のうち最も小さい a の値の範囲を決定する．

▶ $a \leqq b \leqq c$ より，$\dfrac{1}{a} \geqq \dfrac{1}{b} \geqq \dfrac{1}{c}$

よって，$\dfrac{3}{a} \geqq \dfrac{1}{a}+\dfrac{1}{b}+\dfrac{1}{c}=1$

▶ $\dfrac{3}{a} \geqq 1$ より，$a=1$, 2, 3

▶ a の値によって場合分けし，問題 305 と同様に計算する．

ANSWER

305 $2ab+5a-3b=9$ の両辺に 2 を掛けて,
$$4ab+10a-6b=18$$
$$2a\cdot 2b+5\cdot 2a-3\cdot 2b=18$$
両辺に $5\cdot(-3)=-15$ を加えて,
$$2a\cdot 2b+5\cdot 2a-3\cdot 2b+5\cdot(-3)=18-15$$
$$(2a-3)(2b+5)=3$$
よって, $(2a-3,\ 2b+5)=(1,\ 3),\ (3,\ 1),$
$$(-1,\ -3),\ (-3,\ -1)$$
ゆえに, $(a,\ b)=$**$(2,\ -1),\ (3,\ -2),\ (1,\ -4),\ (0,\ -3)$**

306 $a\leqq b\leqq c$ より $\dfrac{1}{a}\geqq\dfrac{1}{b}\geqq\dfrac{1}{c}$ であるから
$$\dfrac{1}{a}+\dfrac{1}{b}+\dfrac{1}{c}\leqq\dfrac{1}{a}+\dfrac{1}{a}+\dfrac{1}{a}=\dfrac{3}{a}$$
すなわち, $1\leqq\dfrac{3}{a}$ よって, $a\leqq 3$
したがって, $a=1,\ 2,\ 3$
$a=1$ のとき, $\dfrac{1}{b}+\dfrac{1}{c}=0$ となり不適.
$a=2$ のとき, $\dfrac{1}{b}+\dfrac{1}{c}=\dfrac{1}{2}$
$$bc=2b+2c$$
$$bc-2b-2c=0$$
$$bc-2b-2c+4=4$$
$$(b-2)(c-2)=4$$
 $2\leqq b\leqq c$ に注意して, $(b,\ c)=(3,\ 6),\ (4,\ 4)$
$a=3$ のとき, $\dfrac{1}{b}+\dfrac{1}{c}=\dfrac{2}{3}$
$$2bc=3b+3c$$
$$2b\cdot 2c-3\cdot 2b-3\cdot 2c=0$$
$$2b\cdot 2c-3\cdot 2b-3\cdot 2c+9=9$$
$$(2b-3)(2c-3)=9$$
 $3\leqq b\leqq c$ に注意して, $b=c=3$
以上より, $(a,\ b,\ c)=$**$(2,\ 3,\ 6),\ (2,\ 4,\ 4),\ (3,\ 3,\ 3)$**

307 2次方程式 $x^2+ax+b=0$ ……① について，次の設問に答えなさい．ただし，係数の a, b はともに整数である．

(1) 方程式①が有理数 r を解にもつならば，r は整数であることを証明しなさい．

(2) 方程式①が整数 n を解にもつならば，n は b の約数であることを証明しなさい．

▶整数 b の約数は，負の整数も含めて考える．
たとえば，7 の約数は，± 1，± 7 の 4 個である．

---

308 a, b は自然数とする．

(1) a, b が互いに素であれば，$a+b$, ab も互いに素であることを次のように証明した．空欄にあてはまる数，式または言葉を答えなさい．

$a+b$, ab が共通の素因数 p をもつと仮定すると，

$$a+b=p\cdot m \quad \cdots\cdots ①$$
$$ab=p\cdot n \quad \cdots\cdots ②$$

と表される．ただし，m, n は整数である．
ここで，p は素数であるから，②より
a, b のどちらかは，　ア　の倍数である．
a が　イ　の倍数であるとすると，A を整数として，
$a=p\cdot A$ と表される．
①に代入して，$\quad p\cdot A+b=p\cdot m$
よって，$\quad b=p(m-A)$
$m-A$ は整数であるから，b も　ウ　の倍数になる．
このことは，a, b が　エ　であることに反する．
b が　オ　の倍数であるとしても，同様に矛盾を生ずる．
ゆえに，a, b が互いに素であれば，$a+b$, ab も互いに素である．

(2) $a+b$, ab が互いに素であれば，a, b も互いに素であることを証明しなさい．

方針 (2)は，対偶を証明するとよい．

307

(1) 方程式①が有理数 r を解にもつならば,
$$r = \frac{p}{q}$$
（p は整数，q は自然数で，p と q は互いに素である）
と表して，①に代入して,
$$\left(\frac{p}{q}\right)^2 + a \cdot \frac{p}{q} + b = 0$$
両辺に q を掛けて移項すると,
$$\frac{p^2}{q} = -ap - bq$$

$-ap - bq$ は整数であるから，左辺の $\dfrac{p^2}{q}$ も整数である．
ところが，p と q は互いに素であったから，$q = 1$ でなければならない．
ゆえに，r は整数である．

(2) 方程式①が整数 n を解にもつならば，①に代入して,
$$n^2 + an + b = 0$$
$$b = -n^2 - an$$
$$b = n(-n-a)$$
n，$-n-a$ は，ともに整数である．
ゆえに，n は b の約数である．

308

(1) ア p　イ p　ウ p　エ 互いに素　オ p

(2) a，b が共通の素因数 p をもつと仮定すると,
$$a = p \cdot A \quad \cdots\cdots ③$$
$$b = p \cdot B \quad \cdots\cdots ④$$
と表される．ただし，A，B は整数である．
このとき,
$$a + b = p(A + B)$$
$$ab = p \cdot pAB$$
となり，$a+b$，ab もともに p を素因数にもつ．
ゆえに，対偶を考えれば,
$a+b$，ab が互いに素であれば，a，b も互いに素である．

309

n を自然数とするとき，$n(n+1)(2n+1)(3n^2+3n-1)$ は，30 の倍数であることを証明しなさい．

方針 $n(n+1)(2n+1)$ は，6 の倍数であることがわかっている．したがって，

n, $n+1$, $2n+1$, $3n^2+3n-1$

のどれかが 5 の倍数であることが示されればよい．

▶ n を 5 で割った余りについて場合分けして考える．

(参考) $\sum\limits_{k=1}^{n} k^4 = \dfrac{1}{30}n(n+1)(2n+1)(3n^2+3n-1)$
$= \dfrac{n^5}{5} + \dfrac{n^4}{2} + \dfrac{n^3}{3} - \dfrac{n}{30}$

310

次の設問に答えなさい．

(1) $_7C_1$, $_7C_2$, $_7C_3$, $_7C_4$, $_7C_5$, $_7C_6$ は，すべて 7 の倍数であることを確かめなさい．

(2) p を自然数とし，$r=1, 2, 3, \cdots, p-1$ とする．p が素数であるならば，$_pC_r$ は p の倍数であることを証明しなさい．

方針 $_pC_r$ は自然数である．$_pC_r$ を計算するとき，約分の途中で p は必ず残ることを述べる．

309

$30=2\times 3\times 5$ であり，$2, 3, 5$ はいずれも素数である．
したがって，$n(n+1)(2n+1)(3n^2+3n-1)$ が
　2 の倍数であり，3 の倍数であり，さらに，5 の倍数である
ことを証明すればよい．
まず，　$n(n+1)(2n+1)=n(n+1)\{(n-1)+(n+2)\}$
$\qquad\qquad\qquad\quad =(n-1)n(n+1)+n(n+1)(n+2)$
であるから，$n(n+1)(2n+1)$ は 6 の倍数である．

(問題 **155** 参照)

よって，$n(n+1)(2n+1)(3n^2+3n-1)$ も 6 の倍数である．
次に，
　$n\equiv 0 \pmod{5}$ のときは，n 自身　が 5 の倍数である．
　$n\equiv 1 \pmod{5}$ のときは，
$\qquad\qquad\qquad 3n^2+3n-1$ が 5 の倍数である．
　$n\equiv 2 \pmod{5}$ のときは，$2n+1$　が 5 の倍数である．
　$n\equiv 3 \pmod{5}$ のときは，
$\qquad\qquad\qquad 3n^2+3n-1$ が 5 の倍数である．
　$n\equiv 4 \pmod{5}$ のときは，$n+1$　が 5 の倍数である．
結局，必ず $n(n+1)(2n+1)(3n^2+3n-1)$ は 5 の倍数である．
ゆえに，$n(n+1)(2n+1)(3n^2+3n-1)$ は 30 の倍数である．

310

(1) ${}_7C_1=7, {}_7C_2=21, {}_7C_3=35, {}_7C_4=35, {}_7C_5=21, {}_7C_6=7$
は，すべて 7 の倍数である．

(2) ${}_pC_r=\dfrac{p!}{r!(p-r)!}=\dfrac{p\cdot(p-1)!}{r!(p-r)!}$

${}_pC_r$ は整数である．したがって，上の式は約分されて，
結果として分母は 1 になる．
ところが，p は素数であり，$r<p, \ p-r<p$ であるから，その約分の過程で，p が約分されることはない．
ゆえに，${}_pC_r$ は p の倍数である．

(参考) ${}_pC_r=\dfrac{p!}{r!(p-r)!}=\dfrac{p\cdot(p-1)!}{r\cdot(r-1)!(p-r)!}$

$\qquad\qquad =\dfrac{p}{r}\cdot\dfrac{(p-1)!}{(r-1)!(p-r)!}=\dfrac{p}{r}\cdot{}_{p-1}C_{r-1}$

よって，　　$r\cdot{}_pC_r=p\cdot{}_{p-1}C_{r-1}$　が成り立つ．
したがって，$r\cdot{}_pC_r$ は p の倍数であるが，r は p の倍数ではないから，${}_pC_r$ が p の倍数である．

311 次の方程式を満たす整数 x, y の組 (x, y) をすべて求めなさい．その際，ユークリッドの互除法を利用してよい．
$$96x + 77y = 1$$

方針 特殊解を1組見つけるために，互除法を利用する．

▶ $96 = 77 \times 1 + 19$
$77 = 19 \times 4 + 1$

---

312 次の条件①，②，③をすべて満たす最小の自然数 n を求めなさい．
(条件)　　自然数 n を 7 で割ると 5 余る．……①
　　　　　自然数 n を 8 で割ると 6 余る．……②
　　　　　自然数 n を 9 で割ると 7 余る．……③

方針 条件①，②，③を式で表し，そのすべてを満たす自然数 n を求める．

▶ $n = 7p + 5$ （p は整数）
$n = 8q + 6$ （q は整数）
$n = 9r + 7$ （r は整数）
と表し，不定方程式を導いて解く．

311

$$96=77\times1+19, \quad 77=19\times4+1$$

よって、 $96=(19\times4+1)\times1+19$
$\qquad\qquad =19\times5+1$

これらを，与えられた方程式に代入して，
$\qquad(19\times5+1)x+(19\times4+1)y=1$
$\qquad 19(5x+4y)+(x+y)=1$

ここで， $5x+4y=m, \ x+y=n$ とおくと，
$\qquad 19m+n=1 \qquad\qquad\qquad$ ……①
$\qquad x=m-4n, \ y=5n-m \qquad$ ……②

①を満たす整数 $m, \ n$ として， $m=0, \ n=1$ とすれば，
②より， $\quad x=-4, \ y=5$

すなわち， $96\times(-4)+77\times5=1$

これと，与えられた方程式から
$\qquad 96(x+4)+77(y-5)=0$

よって，t を整数として
$\qquad x+4=77t, \ y-5=-96t$

ゆえに， **$x=77t-4, \ y=-96t+5$** 　（t は整数）

312

条件より，n は $p, \ q, \ r$ を整数として
$\quad n=7p+5$ ……① $\quad n=8q+6$ ……② $\quad n=9r+7$ ……③
と表される．

まず，①，②より， $7p+5=8q+6$
$\qquad\qquad\qquad\qquad 7p-8q=1 \qquad$ ……④

また， $7\cdot(-1)-8\cdot(-1)=1 \qquad$ ……⑤

④-⑤より， $7(p+1)-8(q+1)=0$

したがって，k を整数として，$p=8k-1, \ q=7k-1$

このとき， $n=56k-2 \qquad\qquad$ ……⑥

次に，③，⑥より， $56k-2=9r+7$
$\qquad\qquad\qquad\qquad 56k=9r+9$
$\qquad\qquad\qquad\qquad 56k=9(r+1)$

したがって，j を整数として，$k=9j, \ r=56j-1$

このとき， $n=504j-2$

ゆえに，条件①，②，③をすべて満たす最小の自然数 n は，
$\qquad n=504\times1-2=$ **502**

(参考) $n+2$ は 7 でも 8 でも 9 でも割り切れる．

313 $100!$ が 10^m で割り切れる.
このような自然数 m の最大値を求めなさい.

方針 $100!$ を素因数分解して,
$2^a 3^b 5^c \times N$ （N は 7 以上の素数の積）
となったとき, m の最大値は c に等しい.

▶ $10=2\times5$ であるから, $100!$ に含まれる素因数 2 と素因数 5 の 1 組について, 10 が 1 つできる.

▶ $100!=2^a 3^b 5^c \times N$ （N は 7 以上の素数の積）について, $a>c$ であるから, c の値を求めればよい.

314 n が自然数であるとき, $19^n+(-1)^{n-1}2^{4n-3}$ は 7 の倍数であることを証明しなさい.

方針 まず, 指数法則を利用して,
$(-1)^{n-1}2^{4n-3}=2\cdot(-16)^{n-1}$ を導く.

▶ $-16\equiv19 \pmod{7}$ を利用する.

313 $10 = 2 \times 5$ であるから，$100!$ に含まれる素因数 2 と素因数 5 の 1 組について，10 が 1 つできる．
ところが，
$$100! = 2^a 3^b 5^c \times N \quad (N は 7 以上の素数の積)$$
のとき，2 の指数 a のほうが 5 の指数 c よりも大きいから，結局，$100!$ に含まれる素因数 5 の個数を求めればよい．
さて，1 から 100 までの自然数のうち，
　　　素因数 5 を 1 個もつものの個数は，
$$100 \div 5 = 20 \text{ 個であり，}$$
　　　素因数 5 を 2 個もつものの個数は，
$$100 \div 5^2 = 4 \text{ 個である．}$$
素因数 5 を 3 個以上もつものはないので，$100!$ に含まれる素因数 5 の個数は，$20 + 4 = 24$ 個である．
ゆえに，求める最大値は，**24** である．

(参考) 一般化して，$n!$ が 10^m で割り切れるような自然数 m の最大値は，ガウス記号を用いて，
$$\left[\frac{n}{5}\right] + \left[\frac{n}{5^2}\right] + \left[\frac{n}{5^3}\right] + \cdots\cdots$$
となる．この和は無限和のように見えるが，ある項以降はすべて 0 であり，実質的には有限和である．

314
$$\begin{aligned}
(-1)^{n-1} 2^{4n-3} &= (-1)^{n-1} \cdot 2 \cdot 2^{4n-4} \\
&= 2 \cdot (-1)^{n-1} \cdot 2^{4(n-1)} \\
&= 2 \cdot (-1)^{n-1} \cdot (2^4)^{n-1} \\
&= 2 \cdot \{(-1) \cdot 2^4\}^{n-1} \\
&= 2 \cdot (-16)^{n-1}
\end{aligned}$$
ここで，$-16 \equiv 19 \pmod{7}$ であるから，
$$\begin{aligned}
19^n + (-1)^{n-1} 2^{4n-3} &= 19^n + 2 \cdot (-16)^{n-1} \\
&\equiv 19^n + 2 \cdot 19^{n-1} \pmod{7} \\
&= 19 \cdot 19^{n-1} + 2 \cdot 19^{n-1} \\
&= 21 \cdot 19^{n-1} \\
&= 7 \cdot 3 \cdot 19^{n-1}
\end{aligned}$$
ゆえに，n が自然数であるとき，$19^n + (-1)^{n-1} 2^{4n-3}$ は 7 の倍数である．

9 順列と組合せ 　標準問題

315 1 から 100 までの自然数のうち,14 と互いに素であるものの個数を求めなさい.

方針 14 と互いに素 ⟺ 2 でも 7 でも割り切れない

▶ベン図をかいて,重複部分に注意.

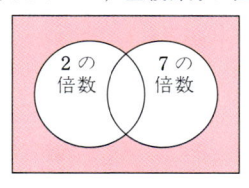

```
┌─────────────────────┐
│   ╭───╮   ╭───╮     │
│   │2の │   │7の │    │
│   │倍数│   │倍数│    │
│   ╰───╯   ╰───╯     │
└─────────────────────┘
```

---

316 a,b,c,d,e の 5 文字を 1 列に並べて単語をつくる.それら 120 個を辞書式の順序に並べる.
(1) bcade は何番めか答えなさい.
(2) 72 番めの単語は何か答えなさい.

方針 順列の個数を計算で求めていく.

▶120 個の単語は

　　abcde, abced, abdce, abdec, ……
　　……, edcab, edcba

のように辞書式の順序に並べてある.

▶a で始まる単語は $4! = 4 \times 3 \times 2 \times 1 = 24$ (個)
　ba で始まる単語は $3! = 3 \times 2 \times 1 = 6$ (個)

315

$14 = 2 \times 7$ より
14 と互いに素である $\iff$ 2 でも 7 でも割り切れない
さて,1 から 100 までの自然数のうち

  2 の倍数は　　$100 \div 2 = 50$　　　　　　より　50 個
  7 の倍数は　　$100 \div 7 = 14.2\cdots$　　　より　14 個
  14 の倍数は　　$100 \div 14 = 7.1\cdots$　　より　7 個

よって,2 で割り切れるかまたは 7 で割り切れるものの個数は

$$50 + 14 - 7 = 57 \text{(個)}$$

ゆえに,14 と互いに素であるものの個数は

$$100 - 57 = \mathbf{43 \text{(個)}}$$

316

(1)　a ○ ○ ○ ○ : 24 個 ⎫
　　b a ○ ○ ○ : 6 個 ⎬ 30 個
　30 番めが baedc で,その次が bcade であるから,
　　　　31 番め

(2)　a が先頭が 24 個,b が先頭が 24 個,c が先頭が 24 個
　あり,これら全部でちょうど 72 個である.
　よって,72 番めは,c が先頭の最後の単語であり,
　　　　cedba
　である.

317

A組5人，B組4人，C組3人の12人から4人の代表を選ぶとき，代表の中にA組の人もB組の人もC組の人も含まれているような選び方は，何通りあるか答えなさい．

方針 各組の人数の分かれ方で場合分けして考える．

▶ 各組の人たちに，次のような名前をつけて考えるとよい．
A組：a, b, c, d, e
B組：l, m, n, o
C組：p, q, r

▶ 1人選ばれる組が2つ，2人選ばれる組が1つある．

318

8個の同様のみかんをA, B, C 3人の子どもに分け与える．

(1) 3人とも1個以上もらうとするとき，分け方は何通りあるか答えなさい．

(2) 1つももらえない者がいてもかまわないとすると，分け方は何通りあるか答えなさい．

方針 みかんを1列に並べておいて2つの区切りを入れると考える．

▶(1) ○○○|○○○○|○ → 3個，4個，1個
     ○|○○|○○○○○ → 1個，2個，5個

(2) (1)に加えて
    ○○○○○|○○○| → 5個，3個，0個
    ○○○||○○○○○ → 3個，0個，5個
    などの分け方も許される．

317

[解1]　A組2人，B組1人，C組1人のとき，
$${}_5C_2 \times {}_4C_1 \times {}_3C_1 = 10 \times 4 \times 3 = 120 \text{(通り)}$$
A組1人，B組2人，C組1人のとき，
$${}_5C_1 \times {}_4C_2 \times {}_3C_1 = 5 \times 6 \times 3 = 90 \text{(通り)}$$
A組1人，B組1人，C組2人のとき，
$${}_5C_1 \times {}_4C_1 \times {}_3C_2 = 5 \times 4 \times 3 = 60 \text{(通り)}$$
ゆえに，$120 + 90 + 60 = $ **270（通り）**

[解2]
A組のみ　　：${}_5C_4 = 5$（通り）
B組のみ　　：${}_4C_4 = 1$（通り）
C組のみ　　：　　0（通り）
A組とB組　：${}_9C_4 - (5+1) = 126 - 6 = 120$（通り）
B組とC組　：${}_7C_4 - (1+0) = 35 - 1 = 34$（通り）
C組とA組　：${}_8C_4 - (0+5) = 70 - 5 = 65$（通り）
全体　　　　：${}_{12}C_4 = 495$（通り）
ゆえに，
$$495 - (5+1+0+120+34+65) = \textbf{270（通り）}$$

318

(1) 8個のみかんを○○○○○○○○のように並べておき，みかんとみかんの間の7か所から異なる2か所を選んで区切りを入れ，区切られたみかんを左から順にA，B，Cに与えると考えればよい．

ゆえに，${}_7C_2 = \dfrac{7 \cdot 6}{2 \cdot 1} = $ **21（通り）**

(2) 8個のみかん○と2個の区切り｜の合計10個のものを1列に並べて，区切られたみかんを左から順にA，B，Cに与えると考えると，求める分け方になるので
$$\frac{10!}{8!2!} = \frac{10 \cdot 9}{2 \cdot 1} = \textbf{45（通り）}$$

(**参考**)　${}_3H_8 = {}_{10}C_8 = {}_{10}C_2 = 45$（通り）

319 次のような分け方は全部で何通りあるか答えなさい．ただし，各組とも1人以上の人員を含むものとする．
(1) n 人を2組に分ける．
(2) n 人を3組に分ける．

方針 まず，各組に名前をつけておいて，n 人を分けてから組の名前を消去すると考える．

▶(1) n 人を A, B 2組に分けると考えると，n 人すべてが同じ組になる場合を引いて
$$2^n - 2$$
この後，A, B という組の名前を消す．

▶(2) n 人を A, B, C 3組に分けると考えると，n 人がすべて同じ組になる場合と n 人がちょうど2組に分かれる場合とを引いて，
$$3^n - \{3 + {}_3C_2(2^n - 2)\}$$
この後，A, B, C という組の名前を消す．

---

320 大，中，小3個のサイコロを同時に投げ，出た目を順に a, b, c とするとき，次のような目の出方は何通りあるか答えなさい．
(1) すべての目の出方
(2) $a \neq b, \ b \neq c, \ c \neq a$ となる目の出方
(3) $a < b < c$ となる目の出方
(4) $a \leq b \leq c$ となる目の出方

方針 順列や組合せの考えに結びつくようにくふうする．

319

(1) n 人を A, B 2 組に分けると考えると, 1 人について A, B の 2 通りであるから
$$2^n \text{ 通り}$$
ただし, この中には n 人全部が, A 組または B 組となる 2 通りが含まれてしまっているので, 正しくは, $2^n - 2$ 通りである.
ところが, 本当は A 組, B 組の区別はないので
$$\frac{2^n - 2}{2!} = \mathbf{2^{n-1} - 1} \text{ (通り)}$$

(2) n 人を A, B, C 3 組に分けると考えると
$$3^n \text{ 通り}$$
ただし, n 人全員が同じ組になってしまう 3 通りと, n 人全員がちょうど 2 組に分かれてしまう ${}_3C_2(2^n - 2)$ 通りとを引いて
$$3^n - 3 - {}_3C_2(2^n - 2) = 3^n - 3 \cdot 2^n + 3 \text{ (通り)}$$
ところが, 本当は A 組, B 組, C 組の区別はないので
$$\frac{3^n - 3 \cdot 2^n + 3}{3!} = \frac{\mathbf{3^{n-1} - 2^n + 1}}{\mathbf{2}} \text{ (通り)}$$

320

(1) $6^3 = \mathbf{216}$ (通り)

(2) ${}_6P_3 = 6 \times 5 \times 4 = \mathbf{120}$ (通り)

(3) (1, 3, 4), (2, 3, 6) のように, 6 つの目から異なる 3 つを選んで 1 組とし, 小さい順に a, b, c とすればよいから
$${}_6C_3 = \frac{6 \cdot 5 \cdot 4}{3 \cdot 2 \cdot 1} = \mathbf{20} \text{ (通り)}$$

(4) (1, 3, 4), (2, 2, 6), (3, 3, 3) のように, 6 つの目から重複を許して 3 つを選び, 小さい順に (大きくない順に) a, b, c とすればよいから
$${}_6H_3 = {}_{6+3-1}C_3 = {}_8C_3 = \frac{8 \cdot 7 \cdot 6}{3 \cdot 2 \cdot 1} = \mathbf{56} \text{ (通り)}$$

10 確率 標準問題

321 3人でジャンケンを繰り返し，1人の勝者を決める．このとき，2回以内のジャンケンで勝者が決まる確率を求めなさい．

方針 1回めであいこか，1人だけ負けるか，2人負けて終了するかの3つの場合に分けて考える．

▶ 3人 → 3人 ─┐
　　　　 → 2人 → 1人
　　　　 → 1人

▶ 2人でジャンケンをして，誰がどの手で勝つか考えて勝敗が決まる確率は $\dfrac{2\times3}{3^2}$，あいこになる確率は $\dfrac{3}{3^2}$

▶ 3人でジャンケンをして，誰がどの手で勝つか考えて1人勝つ確率は $\dfrac{3\times3}{3^3}$，1人負ける確率は $\dfrac{3\times3}{3^3}$，あいこになる確率は $\dfrac{3!+3}{3^3}$

---

322 3個のサイコロを同時に投げるとき，目の数の積が6の倍数となる確率を求めなさい．

方針 余事象を考える．

▶ 2の倍数を含まないか，または3の倍数を含まない場合を考える．

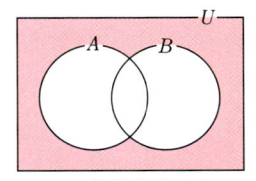

A：2の倍数を含まない．
B：3の倍数を含まない．

ANSWER

321
(ア) 3人 →1人
(イ) 3人 →2人 →1人
(ウ) 3人 →3人 →1人

の3通りに分けて考える．

(ア) 1人の勝者の選び方が3通り，そのそれぞれについてどの手で勝つかが3通りずつあるので
$$\frac{3\times 3}{3^3}=\frac{1}{3}$$

(イ) $\frac{1}{3}\times\frac{2}{3}=\frac{2}{9}$

(ウ) 3人 →3人の確率は，3人が別々の手であいこになるのが3!通り，同じ手であいこになるのが3通りあるので，$\frac{3!+3}{3^3}$ となる．これと(ア)の3人 →1人の確率を掛けて
$$\frac{3!+3}{3^3}\times\frac{1}{3}=\frac{1}{3}\times\frac{1}{3}=\frac{1}{9}$$

ゆえに，$\frac{1}{3}+\frac{2}{9}+\frac{1}{9}=\boldsymbol{\frac{2}{3}}$

322
3つの目の中に2の倍数と3の倍数がともに含まれる場合に，目の数の積は6の倍数となる．

2の倍数の目：2, 4, 6
3の倍数の目：3, 6

余事象を考える．
2の倍数が含まれないのは，$3^3=27$(通り)
3の倍数が含まれないのは，$4^3=64$(通り)
2の倍数も3の倍数も含まれないのは，$2^3=8$(通り)

ゆえに，求める確率は
$$1-\frac{27+64-8}{6^3}=1-\frac{83}{216}=\boldsymbol{\frac{133}{216}}$$

323 図のような電気回路があり，各スイッチは確率 $\dfrac{1}{2}$ で開閉する．このとき，この回路の電球が点灯する確率を求めなさい．

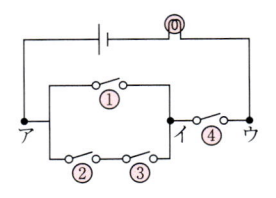

方針 各スイッチの開閉は独立であると考える．

▶ スイッチの直列と並列をはっきりと区別してとらえる．

---

324 日本，イングランド，ドイツ，ブラジルの4チームがトーナメント戦で優勝を争う．くじ引きで各チームを図の①〜④に割り当てる．ブラジルが日本，イングランド，ドイツに勝つ確率はいずれも $\dfrac{2}{3}$ であるが，日本，イングランド，ドイツは互角で，引き分けはないものとする．

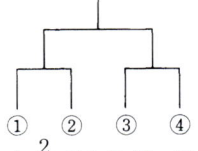

(1) 日本とブラジルが決勝戦で対戦する確率を求めなさい．

(2) 日本が優勝する確率を求めなさい．

方針 日本を①に固定してイングランド，ドイツ，ブラジルについて考える．

▶(1) ②にはイングランドまたはドイツがはいる．その後，日本，ブラジルがともに勝ち進むことになる．

▶(2) 日本が1回戦でブラジルと対戦するかどうかで場合分けする．

10 確率 標準問題

323 ア-イ間に電流が流れるのは
　　①が閉じる，または，②，③の両方が閉じる
場合であるから，
$$\frac{1}{2}+\frac{1}{2}\times\frac{1}{2}-\frac{1}{2}\times\left(\frac{1}{2}\times\frac{1}{2}\right)=\frac{1}{2}+\frac{1}{4}-\frac{1}{8}=\frac{5}{8}$$
ゆえに，④を考えて，求める確率は
$$\frac{5}{8}\times\frac{1}{2}=\boldsymbol{\frac{5}{16}}$$

---

324 日本を①に固定して考えてよい．
(1) 日本とブラジルとが決勝戦で対戦する条件は，
　　②にイングランドまたはドイツがはいり，
　　さらに，日本，ブラジルともに勝ち進むことであるから，求める確率は
$$\frac{2}{3}\times\frac{1}{2}\times\frac{2}{3}=\boldsymbol{\frac{2}{9}}$$

(2) ブラジルが②にはいる確率は $\boxed{\frac{1}{3}}$ で，このとき

　　日本が優勝する確率は
$$\boxed{\frac{1}{3}}\times\frac{1}{3}\times\frac{1}{2}=\frac{1}{18} \quad\cdots\cdots①$$

ブラジルが③または④にはいる確率は $\boxed{\frac{2}{3}}$ で，このとき

　　日本が決勝戦で，ブラジルを破って優勝する確率は
$$\boxed{\frac{2}{3}}\times\frac{1}{2}\times\frac{2}{3}\times\frac{1}{3}=\frac{2}{27} \quad\cdots\cdots②$$

　　日本が決勝戦で，ブラジルを下した国を破って優勝する確率は
$$\boxed{\frac{2}{3}}\times\frac{1}{2}\times\frac{1}{3}\times\frac{1}{2}=\frac{1}{18} \quad\cdots\cdots③$$

ゆえに，求める確率は ①＋②＋③ を計算して
$$\frac{1}{18}+\frac{2}{27}+\frac{1}{18}=\frac{10}{54}=\boldsymbol{\frac{5}{27}}$$

325

2本の当たりくじを含む8本のくじをA，B，Cの3人がこの順に1回ずつ引く．このとき，A，B，Cが当たる確率をそれぞれ求めなさい．ただし，引いたくじはもとにもどさない．

方針 ①，②，③，④，⑤，⑥，⑦，⑧のように，くじを区別して考える．

▶ 条件付き確率を利用して計算する．

▶ Cが当たる引き方を，次の4通りの場合に分けて考える．
　(ア) Aが当たり，Bも当たる
　(イ) Aが当たり，Bがはずれる
　(ウ) Aがはずれ，Bが当たる
　(エ) Aがはずれ，Bもはずれる

326

座標平面上の点Pは，初め原点に置かれていて，サイコロを振って次のように移動する．
　1または2の目：x軸方向に $+2$ 移動
　3または4の目：y軸方向に $+2$ 移動
　5の目　　　　：x軸方向に -1 移動
　6の目　　　　：y軸方向に -1 移動
このとき，次の確率を求めなさい．
(1) サイコロを3回振り，Pが点 (2, 1) に達する．
(2) サイコロを6回振り，Pが原点にもどる．

方針 x 軸方向の移動と y 軸方向の移動を分離する．

▶ (1) x 座標　$+2$ が1回
　　　　y 座標　$+2$，-1 が1回ずつ
　(2) $+2$ が1回，-1 が2回で1セット
　　このセットが x 軸方向で2回
　　または，y 軸方向で2回
　　または，x 軸方向，y 軸方向で1回ずつ
　　起こることになる．

325 Aが当たる確率は，$\dfrac{2}{8}=\dfrac{1}{4}$

Bが当たる確率は，Aが当たるかはずれるかで場合分けして，
$$\dfrac{2}{8}\times\dfrac{1}{7}+\dfrac{6}{8}\times\dfrac{2}{7}=\dfrac{1}{28}+\dfrac{6}{28}=\dfrac{1}{4}$$

Cが当たる確率は，A，Bが当たるかはずれるかで場合分けして，
$$\dfrac{2}{8}\times\dfrac{1}{7}\times\dfrac{0}{6}+\dfrac{2}{8}\times\dfrac{6}{7}\times\dfrac{1}{6}+\dfrac{6}{8}\times\dfrac{2}{7}\times\dfrac{1}{6}+\dfrac{6}{8}\times\dfrac{5}{7}\times\dfrac{2}{6}$$
$$=0+\dfrac{1}{28}+\dfrac{1}{28}+\dfrac{5}{28}=\dfrac{1}{4}$$

---

326 (1) 1または2が1回，3または4が1回，6が1回出た場合である．出る順も考えて，求める確率は
$$3!\times\left(\dfrac{2}{6}\times\dfrac{2}{6}\times\dfrac{1}{6}\right)=\dfrac{1}{9}$$

(2) (ア) 1または2の目が1回，5の目が2回
　　(イ) 3または4の目が1回，6の目が2回
とすると，(ア)と(イ)があわせて2回起こる場合を考えればよい．

(ア)が2回：$\dfrac{6!}{2!\,4!}\times\left(\dfrac{2}{6}\right)^2\times\left(\dfrac{1}{6}\right)^4=\dfrac{5}{3\times 6^4}$

(ア)，(イ)が1回ずつ：$\dfrac{6!}{2!\,2!\,2!}\times\left(\dfrac{2}{6}\right)^2\times\left(\dfrac{1}{6}\right)^4=\dfrac{5}{324}$

(イ)が2回：(ア)と同様に $\dfrac{5}{3\times 6^4}$

ゆえに，$\dfrac{5}{3\times 6^4}\times 2+\dfrac{5}{324}=\dfrac{35}{1944}$

327 袋の中に赤球が2個，白球が3個入っている．この袋から1球を取り出して色を調べてもとにもどすことを4回繰り返すとき，赤球の個数の合計の期待値を求めなさい．

方針 まず，赤球の個数の合計とその確率を表にしてみる．

r	0	1	2	3	4	計
p_r						

▶ 1回について赤球が出る確率は $\dfrac{2}{5}$

▶ そして，定義のとおりに計算する．

> 期待値 ＝（値×確率）の総和

---

328 サイコロを投げ，出た目が偶数ならその値を X とし，奇数ならもう1回サイコロを投げてその目の数を X とする．
X の期待値を求めなさい．

方針 1回めが偶数か奇数かで場合分けする．

▶ たとえば，$X=2$ となるのは，
 ・1回めに2が出る
 ・1回めに奇数で2回めに2が出る
 の2通りがあることに注意．

▶ やはり，次のような表をつくるとよい．

X	1	2	3	4	5	6	計
P							

327 1回の試行で,赤球の出る確率は $\dfrac{2}{5}$ である.

よって,4回のうち赤球が r 回出る確率 P_r は
$$P_r = {}_4C_r \cdot \left(\dfrac{2}{5}\right)^r \cdot \left(\dfrac{3}{5}\right)^{4-r} = {}_4C_r \cdot \dfrac{2^r \cdot 3^{4-r}}{5^4}$$

この式に
$r=0,\ 1,\ 2,\ 3,\ 4$
を代入して計算すると
右の表のようになる.

r	0	1	2	3	4	計
P_r	$\dfrac{81}{625}$	$\dfrac{216}{625}$	$\dfrac{216}{625}$	$\dfrac{96}{625}$	$\dfrac{16}{625}$	1

ゆえに,求める期待値 E は
$$E = 0 \times \dfrac{81}{625} + 1 \times \dfrac{216}{625} + 2 \times \dfrac{216}{625} + 3 \times \dfrac{96}{625} + 4 \times \dfrac{16}{625}$$
$$= \dfrac{1000}{625} = \dfrac{\mathbf{8}}{\mathbf{5}}$$

(参考) $4 \times \dfrac{2}{5} = \dfrac{8}{5}$

---

328 $X=1$ となるのは
  1回めの目が奇数,2回めの目が 1
のときで,その確率は $\dfrac{3}{6} \times \dfrac{1}{6} = \dfrac{3}{36} = \dfrac{1}{12}$

$X=2$ となるのは
  1回めの目が 2 か,または
  1回めの目が奇数,2回めの目が 2
のときで,その確率は $\dfrac{1}{6} + \dfrac{3}{6} \times \dfrac{1}{6} = \dfrac{9}{36} = \dfrac{3}{12}$

同様にして,X の値とその確率 P を計算すると,右の表のようになる.

X	1	2	3	4	5	6	計
P	$\dfrac{1}{12}$	$\dfrac{3}{12}$	$\dfrac{1}{12}$	$\dfrac{3}{12}$	$\dfrac{1}{12}$	$\dfrac{3}{12}$	1

ゆえに,X の期待値 E は
$$E = 1 \times \dfrac{1}{12} + 2 \times \dfrac{3}{12} + 3 \times \dfrac{1}{12} + 4 \times \dfrac{3}{12} + 5 \times \dfrac{1}{12} + 6 \times \dfrac{3}{12}$$
$$= \dfrac{45}{12} = \dfrac{\mathbf{15}}{\mathbf{4}}$$

329

1枚の硬貨を繰り返し投げ，表が4回出たら終了する．ちょうどn回投げて終了する確率をP_nとする．
(1) P_nを求めなさい．
(2) P_nを最大にするnの値を求めなさい．

方針 (1) 1回〜$n-1$回投げる間に，表がちょうど3回出て，さらにn回めに表が出る確率を求める．

(2) $\dfrac{P_{n+1}}{P_n}$を計算して最大となる場合を調べる．

▶ $\dfrac{P_{n+1}}{P_n} \geqq 1 \iff P_n \leqq P_{n+1}$

$\dfrac{P_{n+1}}{P_n} \leqq 1 \iff P_n \geqq P_{n+1}$

330

A町では，住民の2%が病原菌Bに感染している．また，検査法Cを用いると，1人の住民が病原菌Bに感染しているかどうかを確率99%で正しく判定することができる．
(1) 住民Dが検査法Cにより，病原菌Bに感染していると判定される確率を求めなさい．
(2) 住民Dが検査法Cにより，病原菌Bに感染していると判定されたが，実際にはDは病原菌Bに感染していない確率を求めなさい．

方針 条件付き確率を利用して計算する．

▶ 扱う事象を，記号で表して考えるとよい．たとえば，住民Dが実際に病原菌Bに感染しているという事象をEとする．また，検査法Cにより，病原菌Bに感染していると判定されるという事象をFとする．

このとき，$P(E) = \dfrac{2}{100}$, $P(\overline{E}) = \dfrac{98}{100}$,

$P_E(F) = \dfrac{99}{100}$, $P_{\overline{E}}(F) = \dfrac{1}{100}$ である．

▶ (1)は，$P(F) = P(E \cap F) + P(\overline{E} \cap F)$を計算する．

▶ (2)は，$P_F(\overline{E})$を求める．

329

(1) 1回～$n-1$回投げる間に，表が3回，裏が$n-4$回出て，n回めに表が出る確率を求めればよい．
$$P_n = {}_{n-1}C_3 \left(\frac{1}{2}\right)^3 \cdot \left(\frac{1}{2}\right)^{n-4} \times \frac{1}{2} = \frac{{}_{n-1}\mathbf{C_3}}{2^n} \quad (\boldsymbol{n=4,\ 5,\ \cdots})$$

(2) $\dfrac{P_{n+1}}{P_n} = \dfrac{\frac{{}_nC_3}{2^{n+1}}}{\frac{{}_{n-1}C_3}{2^n}} = \dfrac{{}_nC_3}{2\cdot {}_{n-1}C_3}$

$\qquad = \dfrac{n(n-1)(n-2) \div 3!}{2 \times (n-1)(n-2)(n-3) \div 3!}$

$\qquad = \dfrac{n}{2(n-3)}$

ここで，$\dfrac{n}{2(n-3)} \geqq 1 \iff n \geqq 2(n-3)$
$\qquad\qquad\qquad\qquad\ \iff n \geqq 2n-6$
$\qquad\qquad\qquad\qquad\ \iff n \leqq 6$

よって，
$$\frac{P_5}{P_4} \geqq 1,\ \frac{P_6}{P_5} \geqq 1,\ \frac{P_7}{P_6} = 1,\ \frac{P_8}{P_7} \leqq 1,\ \cdots$$

すなわち，$P_4 \leqq P_5 \leqq P_6 = P_7 \geqq P_8 \geqq \cdots$

ゆえに，$\qquad\qquad \boldsymbol{n=6,\ 7}$

---

330 住民Dが実際に病原菌Bに感染しているという事象をEとする．また，検査法Cにより，病原菌Bに感染していると判定されるという事象をFとする．

(1) $P(F) = P(E \cap F) + P(\overline{E} \cap F)$
$\qquad = P(E) \cdot P_E(F) + P(\overline{E}) \cdot P_{\overline{E}}(F)$
$\qquad = \dfrac{2}{100} \cdot \dfrac{99}{100} + \dfrac{98}{100} \cdot \dfrac{1}{100} = \dfrac{198}{10000} + \dfrac{98}{10000}$
$\qquad = \dfrac{296}{10000} = \boldsymbol{0.0296}$

(2) $P_F(\overline{E}) = \dfrac{P(F \cap \overline{E})}{P(F)} = \dfrac{P(\overline{E}) \cdot P_{\overline{E}}(F)}{P(F)}$

$\qquad = \dfrac{\frac{98}{100} \cdot \frac{1}{100}}{\frac{296}{10000}} = \dfrac{98}{296} = \boldsymbol{\dfrac{49}{148}} \quad (\fallingdotseq 0.331)$

11 図形の性質 （標 準 問 題）

331 三角形の辺と角の大小について，
$$a < b \iff \angle A < \angle B \quad \cdots\cdots ①$$
が成り立つ．
(1) 右の図1，図2を利用して，①を証明しなさい．
(2) $\cos A - \cos B$
$$= -(a-b) \times \frac{(a+b+c)(a+b-c)}{2abc}$$
を利用して，①を証明しなさい．

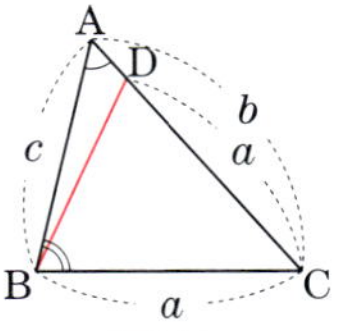

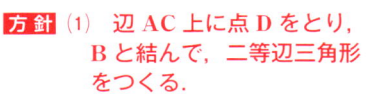

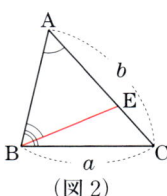

方針 (1) 辺 AC 上に点 D をとり，B と結んで，二等辺三角形をつくる．
(2) $\cos A - \cos B$ と $-(a-b)$ が同符号であることを利用する．

▶(1) △CDB が CB=CD の二等辺三角形になるように D を定めると，$\angle A < \angle CDB < \angle B$

▶(2) $\angle A < \angle B \iff \cos A > \cos B$ に注意する．

---

332 右の図で，AR：RB＝2：1
AQ：QC＝3：2
となっている．
(1) BP：PC を求めなさい．
(2) AK：KP を求めなさい．
(3) △KAB：△KBC：△KCA を求めなさい．

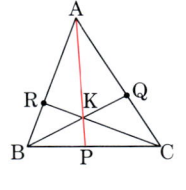

方針 メネラウスの定理，チェバの定理を利用する．

▶(2)は，△APC と直線 BQ について，メネラウスの定理を用いる．

▶(3)は，底辺が共通の三角形や高さが共通の三角形を利用する．

331
(1) (i) $a<b$ のとき，図1において辺 AC 上に BC=DC を満たす点 D をとることができる．
このとき，∠BDC=∠DBC であるから
$$\angle A<\angle A+\angle ABD=\angle BDC=\angle DBC<\angle B$$
すなわち，∠A<∠B が成り立つ．

(ii) ∠A<∠B のとき，図2において辺 AC 上に ∠A=∠ABE を満たす点 E をとることができる．
このとき，AE=BE であるから
$$a<BE+EC=AE+EC=AC=b$$
すなわち，$a<b$ が成り立つ．
ゆえに，(i)，(ii)より①が成り立つ．

(2) $\dfrac{(a+b+c)(a+b-c)}{2abc}>0$ であるから
$$\angle A<\angle B \iff \cos A>\cos B$$
$$\iff \cos A-\cos B>0$$
$$\iff -(a-b)>0 \iff a<b$$
すなわち，$a<b \iff \angle A<\angle B$

332
(1) チェバの定理より $\dfrac{2}{1}\cdot\dfrac{BP}{PC}\cdot\dfrac{2}{3}=1$
ゆえに，BP：PC=**3：4**

(2) △APC と直線 BQ について，メネラウスの定理より
$$\dfrac{AK}{KP}\cdot\dfrac{PB}{BC}\cdot\dfrac{CQ}{QA}=1 \quad \text{すなわち} \quad \dfrac{AK}{KP}\cdot\dfrac{3}{7}\cdot\dfrac{2}{3}=1$$
ゆえに，AK：KP=**7：2**

(3) △KAB：△KCA
　　=(△PAB－△KBP)：(△PCA－△KPC)
ここで，△PAB：△PCA=△KBP：△KPC=3：4
であるから，△KAB：△KCA=3：4
同様に，△KAB：△KBC=AQ：QC=3：2
ゆえに，△KAB：△KBC：△KCA=**3：2：4**

333 右の図のように，直角三角形 ABC に円が内接している．
(1) 内接円の半径 r を求めなさい．
(2) この三角形の3辺の長さを求めなさい．

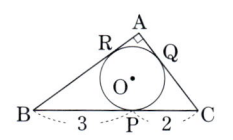

方針 3辺の長さを r で表し，三平方の定理を適用する．

▶四角形 AROQ は正方形．
▶AB＝AR＋RB＝r＋3
▶円外の点から円に引いた2本の接線の長さは等しい．

---

334 右の図で，
$$AB=8, \quad AC=5,$$
$$\angle BAC=60°$$
となっている．
(1) BC を求めなさい．
(2) r を求めなさい．
(3) AT および R を求めなさい．

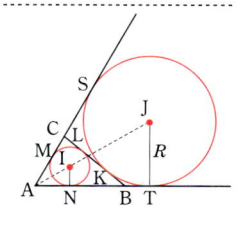

方針 △ABC の面積を利用して r を求める．

▶BC は，余弦定理を利用して求める．
▶△IAB，△IBC，△ICA の共通の高さが r
▶円外の点から円に引いた2本の接線の長さは等しい．
　　　AS＝AT, CS＝CK, BK＝BT

333 (1) 四角形 AROQ は正方形であるから
$$AR=AQ=r$$
また，BR=BP，CQ=CP であるから
$$AB=r+3, \quad AC=r+2$$
よって，三平方の定理より
$$(r+3)^2+(r+2)^2=(3+2)^2$$
$$2r^2+10r-12=0$$
$$r^2+5r-6=0$$
$$r=1, \ -6$$
$r>0$ より $\quad r=\textbf{1}$

(2) AC=1+2=**3**
AB=1+3=**4**
BC=2+3=**5**

---

334 (1) $BC^2=8^2+5^2-2\cdot 8\cdot 5\cdot\cos 60°=49$
ゆえに，$BC=\textbf{7}$

(2) $\triangle IAB+\triangle IBC+\triangle ICA=\triangle ABC$ より
$$\frac{1}{2}(8+7+5)r=\frac{1}{2}\cdot 8\cdot 5\cdot\sin 60°$$
ゆえに，$r=\boldsymbol{\sqrt{3}}$

(3) CK=CS，BK=BT より
$$AS+AT=(AC+CK)+(AB+BK)$$
$$=AB+AC+(BK+CK)$$
$$=AB+AC+BC$$
$$=8+5+7=20$$
AS=AT より $\quad AT=\textbf{10}$

また，AT⊥JT，$\angle JAT=60°\times\dfrac{1}{2}=30°$ より
$$R=10\cdot\tan 30°=\boldsymbol{\dfrac{10}{\sqrt{3}}} \quad \left(=\dfrac{10\sqrt{3}}{3}\right)$$

(**参考**) AN=3 を求めて，$R=\dfrac{10}{3}r$ と考えてもよい．

335 円A, 円B, 円Cが右の図のように, 互いに2点で交わっている.
交点を図のようにE, F, G, H, I, Jとするとき, 3つの線分EF, GH, IJは1点で交わることを証明しなさい.

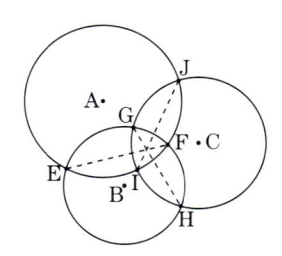

方針 方べきの定理, およびその逆を利用する.

▶下の図で

4点A, B, C, Dが同一円周上にある. $\iff$ PA・PB = PC・PD

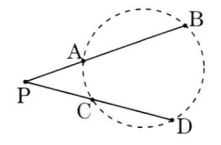

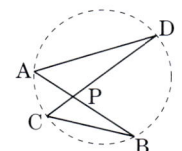

---

336 右の図で, 辺BC上の点Dを通り△ABCの面積を二等分する直線を作図する手順を説明しなさい.

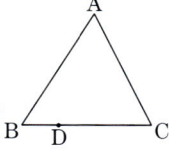

方針 平行線による三角形の等積変形を利用する.

▶まず, 辺BCの中点をMとする.
$\triangle ABM = \frac{1}{2}\triangle ABC$ である.

▶△ADMをそれと面積の等しい三角形に変形する.

335 線分 EF と線分 GH の交点を K とすると，円 B において，方べきの定理より

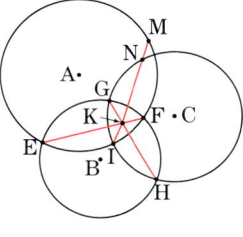

$$KE \cdot KF = KG \cdot KH \quad \cdots\cdots ①$$

直線 KI と円 A との交点を M とし，直線 KI と円 C との交点を N とする．円 A において，方べきの定理より

$$KE \cdot KF = KI \cdot KM \quad \cdots\cdots ②$$

円 C において，方べきの定理より

$$KG \cdot KH = KI \cdot KN \quad \cdots\cdots ③$$

①，②，③より $\quad KI \cdot KM = KI \cdot KN$

よって， $\quad KM = KN$

K，M，N はいずれも直線 KI 上の点であるから，M と N は同一の点である．

すなわち，M，N は円 A と円 C の交点 J に一致する．

ゆえに，3 つの線分 EF，GH，IJ は，1 点で交わる．

---

336 (作図の手順)

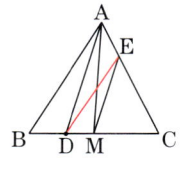

まず，辺 BC の中点を M とし，2 点 A と D，2 点 A と M を結ぶ．

次に，M を通り線分 AD に平行な直線と辺 AC との交点を E とする．

さらに，2 点 D と E を結ぶと，直線 DE が求める直線である．

(説明) まず，M は辺 BC の中点であるから，

$$\triangle ABM = \frac{1}{2} \triangle ABC \quad \cdots\cdots ①$$

次に， $\triangle ABM = \triangle ABD + \triangle ADM \quad \cdots\cdots ②$

さらに，AD∥EM であるから，

$$\triangle ADM = \triangle ADE \quad \cdots\cdots ③$$

①，②，③より， $\triangle ABD + \triangle ADE = \frac{1}{2} \triangle ABC$

すなわち，四角形 $ABDE = \frac{1}{2} \triangle ABC$

ゆえに，直線 DE は △ABC を二等分する．

忘れやすい公式

■ 数と式

因数分解 $a^3+b^3+c^3-3abc$
$=(a+b+c)(a^2+b^2+c^2-ab-bc-ca)$

平方根と絶対値 $\sqrt{A^2}=|A|$

■ 組合せ

重複組合せ n 個の異なるものから同じものを繰り返し使うことを許して，r 個とる組合せの数は
$$_n\mathrm{H}_r = {}_{n+r-1}\mathrm{C}_r$$

■ 三角比

三角形の面積 $S=\dfrac{1}{2}ab\sin C=\sqrt{s(s-a)(s-b)(s-c)}$
$$(2s=a+b+c)$$

■ 確率

反復試行の確率 独立な試行を n 回繰り返すとき，1回の試行で事象 A が起こる確率が p ならば，n 回のうち事象 A がちょうど r 回起こる確率は
$$P_r = {}_n\mathrm{C}_r p^r q^{n-r} \quad (q=1-p,\ 0\leq r\leq n)$$

あとがき

ここまで読んでくださったみなさん，336題がすっかり頭にはいってしまうまで，繰り返し読んでください．